発見的教授法による数学シリーズ ──── 別巻 ②

数学の計算回避のしかた

秋山　仁 著
Jin Akiyama

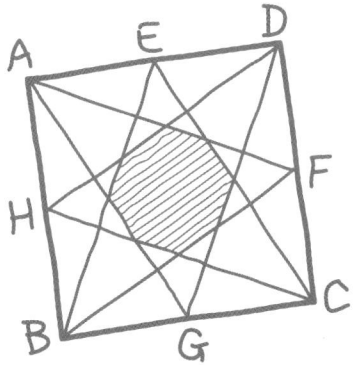

森北出版株式会社

- 本書の補足情報・正誤表を公開する場合があります．当社 Web サイト（下記）で本書を検索し，書籍ページをご確認ください．
  https://www.morikita.co.jp/

- 本書の内容に関するご質問は下記のメールアドレスまでお願いします．なお，電話でのご質問には応じかねますので，あらかじめご了承ください．
  editor@morikita.co.jp

- 本書により得られた情報の使用から生じるいかなる損害についても，当社および本書の著者は責任を負わないものとします．

|JCOPY| 〈(一社)出版者著作権管理機構 委託出版物〉
本書の無断複製は，著作権法上での例外を除き禁じられています．複製される場合は，そのつど事前に上記機構（電話 03-5244-5088, FAX 03-5244-5089, e-mail: info@jcopy.or.jp）の許諾を得てください．

─復刻に際して─

　19世紀を締めくくる最後の年(1900年)にパリで開かれた第2回国際数学者会議が伝説の会議として語り継がれることとなった．それは，主催国フランスのポアンカレがダーフィット・ヒルベルトに依頼した特別講演が，多くの若き研究者を突き動かし20世紀の新たな数学の研究分野を切り拓く起爆剤となったからだった．『未来を覆い隠している秘密のベールを自分の手で引きはがし，来たるべき20世紀に待ち受けている数学の進歩や発展を一目見てみたいと思わない者が我々の中にいるだろうか？』この聴衆への呼びかけに続けて，ヒルベルトは数学の未来に対する自身の展望を語った後，"20世紀に解かれることを期待する問題"として，23題の未解決問題を提示したのだった．

　良質な問題の発見や，その問題の解決は豊かな知の世界を開拓し続けてきた．そしてひとつの研究分野を拓くような鉱脈ともいうべき良問を見つけ出した時の高揚感や一筋縄では行かない難攻不落と思えた難問が"あるアングルから眺めたとき，いとも簡単に解けてしまう瞬間"に味わえる醍醐味は，まさに"自分の手で秘密のベールを引きはがす喜び"である．そして，それは"ヒルベルトの問題"や研究の最前線のものに限ったことではなく，どのレベルであっても真であると思う．

　数学の教育的側面に目を向けるのなら，そもそも古代ギリシャの時代から，久しい間，数学が学問を志す人々の必修科目とされてきたのは，論理性や思考力を鍛えるための学科として尊ばれてきたからだ．ところが，数学は経済発展とともに大衆化し，受験競争の低年齢化とともに人生の進路を振り分けるための重要な科目と化していった．"思考力を磨くために数学を学ぶ"のではなく，ともすると，"受験で成功するための一環として数学の試験で確実に点数を稼ぐための問題対処法を身につけることが数学の勉強"になっていく傾向が強まった．すなわち，数学の問題に出会ったら，"自分の頭で分析し，どう捉えれば本質が炙り出せるのかという思考のプロセスを辿る"のではなく，"できるだけ沢山の既出の問題と解法のパターンを覚えておいて，問題を見たら解法がどのパターンに当てはまるものなのかだけを判断する．そして，あとは機械的に素早く確実に処理する"ことになっていった．"既出のパターンに当てはまらない問題は，どうせ他の多くの生徒も解けず点数の差はさほどないのだから，そういう問題はハナから捨ててよい"というような受験戦術がまかり通るようになった．この結果，インプットされた解決法で解ける想定内の問題なら処理できるが，まったく新しいタイプの想定外の問題に対しては手も足もまったく出ないという学習者を大量に生む結果ともなったのである．このような現象は数学の現場に限らず，日本の社会のあちこちでも問題視され始めている現象だが，学生時代にキチンと自分の頭で判断し思考するプロセスがおざなりにされてきた結果なのではないだろうか．

復刻に際して

世界各国，どこの国でも，数学は苦手で嫌いだと言う人が多いのは悲しい事実ではある．しかし，George Polya の「How to Solve It」(邦題「いかにして問題をとくか」柿内賢信訳　丸善出版)やLaurent C. Larson の「Problem-Solving Through Problems (Springer 1983)」(邦題「数学発想ゼミナール」拙訳　丸善出版)がロングセラーであることにも現れているように，欧米の数学教育の本流はあくまでも "自分の頭で考える" ことにある．これらの書籍は "こういう問題はこう解けばいい" という単なるハウツー本ではなく，数学の問題を解く名人・達人ともいえる人たちが問題に出会ったときに，どんなふうに手懸りをつかみ，どういうところに着眼して難攻不落な問題を手の中に陥落させていくのか，……．そういった名人の持つセンスや目利きとしての勘所ともいえる真髄を紹介し，読者にも彼らのような発想や閃き，センスと呼ばれる目利きの能力を磨いてもらおうとする思考法指南書である．

本書を執筆していた当時，筆者は以下のような多くの若者に数学を教えていた：

「やったことのあるタイプの問題は解けるが，ちょっと頭をひねらなければならない問題はまったくお手上げ」，

「問題集やテストの解答を見れば，ああそこに補助線を一本引けばよかったのか，偶数か奇数かに注目して場合分けすればよかったのか，極端な(最悪な)場合を想定して分析すればこんな簡単に解けてしまうのか，……と分かるのだが，実際はそういった着眼点に自分自身では気付くことができなかった」，

「高校時代は，数学の試験もまあまあ良くできていて得意だと思っていたが，大学に進んでからは，"定義→定理→証明" が繰り返し登場する抽象的な数学の講義や専門書に，ついていけない」

ポリヤやラーソンの示す王道と思われる数学の指南法に感銘を受けていた筆者は，基礎的な知識をひととおり身につけたが，問題を自力で解く思考力，応用力または発想力に欠けると感じている学生たちには，方程式，数列，微分，積分といった各ジャンルごとに，"このジャンルの問題は次のように解く" ということを学ぶ従来の学習法(これを "縦割り学習法" と呼ぶ)に固執するのではなく，ジャンルを超えて存在する数学的な考え方や技巧，ものの見方を修得し，それらを拠り所として様々な問題を解決するための学習法(これを "横割り学習法" と呼ぶ)で学ぶことこそが肝要だと感じた．

そこで，1990年ぐらいまでの難問または超難問とされ，かつ良問とされていた大学入試問題，数学オリンピックの問題，海外の数学コンテストの問題，たとえば，米国の高校生や大学生向けに出題された Putnam (パットナム)等の問題集に紹介されている問題を収集，選別した．そして，それらを題材に，どういう点に着眼すれば首尾よく解決できるのか，思考のプロセスに重点を置いて問題分析の手法を，発想力や柔軟な思考力，論理力を磨きたい，という学生たちのために書きおろしたのが本シリーズである．

本書が1989年に駿台文庫から出版された当時，本気で数学の難問を解く思考力や発

想力を身につけたいという骨太な学生や数学教育関係者に好意的に受け入れられたのは筆者の大きな喜びだった．

そして，本書は韓国等でも翻訳され，海外の学生にも支持を得ることができた．

二十年以上たって一度絶版となった際も，関西の某大学の学生や教授から，「このシリーズはコピーが出回っていて読み継がれていますよ」と聞かされることもあった．

また，本シリーズと同様の主旨で1991年にNHKの夏の数学講座を担当した際には，学生や教育関係者以外の一般の方々からも「数学の問題をどうやって考えるのかがわかって面白かった」，「数学の問題を解くときの素朴な考え方や発想が，私たちの日常生活のなかのアイディアや発想とそんなに大きく違わないのだということがわかった」という声をいただき，その反響は相当のものだった．

このたび，森北出版より本シリーズが復刻されて，新たな読者の目に触れる機会を得たことは筆者にとって望外の喜びである．一人でも多くの方が活用してくださることを期待しております．

最後になりましたが，今回の復刻を快諾し協力してくださった駿台予備学校と駿台文庫に感謝の意を表します．

2014年3月　秋山　仁

― 序　　文 ―

読者へ

世に数々の優れた参考書があるにもかかわらず，ここに敢えて本シリーズを刊行するに至った私の信念と動機を述べる．

現在，数学が苦手な人が永遠に数学ができないまま人生を閉じるのは悲しいし，また不公平で許せない．残念ながら，これは若干の真実をはらむ．しかし，数学が苦手な人が正しい方向の努力の結果，その努力が報われる日がくることがあるのも事実である．

ここに，正しい方向の努力とは，わからないことをわからないこととして自覚し，悩み，苦しみ，決してそれから逃げず，ウンウンうなって考え続けることである．そうすれば，悪戦苦闘の末やっとこさっとこ理解にたどりつくことが可能になるのである．このプロセスを経ることなく数学ができるようになることを望む者に対しては，本書は無用の長物にすぎない．

私ができる唯一のことは，かつて私自身がさまよい歩いた決して平坦とはいえない道のりをその苦しみを体験した者だけが知りうる経験をもとに赤裸々に告白することによ

り，いま現在，暗闇の中でゴールを捜し求める人々に道標を提示することだけである．読者はこの道標を手がかりにして，正しい方向に向かって精進を積み重ねていただきたい．その努力の末，困難を克服することができたとき，それは単に入試数学の征服だけを意味するものではなく，将来読者諸賢にふりかかるいかなる困難に対しても果敢に立ち向かう勇気と自信，さらには，それを解決する方法をも体得することになるのである．

【本シリーズの目標】

　同一の分野に属する問題にとどまらず，分野（テーマ）を超えたさまざまな問題を解くときに共通して存在する考え方や技巧がある．たとえば，帰納的な考え方（数学的帰納法），背理法，場合分けなどは単一の分野に属する問題に関してのみ用いられる証明法ではなく，整数問題，数列，1次変換，微積分などほとんどすべての分野にわたって用いられる考え方である．また，2個のモノが勝手に動きまわれば，それら双方を同時にとらえることは難しいので，どちらか一方を固定して考えるという技巧は最大値・最小値問題，軌跡，掃過領域などのいくつもの分野で用いられているのである．それらの考え方や技巧を整理・分類してみたら，頻繁に用いられる典型的なものだけでも数十通りも存在することがわかった．問題を首尾よく解いている人は各問題を解く際，それを解くために必要な定理や公式などの知識をもつだけでなく，それらの知識を有効にいかすための考え方や技巧を身につけているのである．だから，数学ができるようになるには，知識の習得だけにとどまらず，それらを活性化するための考え方や技巧を完璧に理解しなければならないのである．これは，あたかも，人間が正常に生活していくために，炭水化物，脂肪やたん白質だけを摂取するのでは不十分だが，さらに少量のビタミンを取れば，それらを活性化し，有効にいかすという役割を果たしてくれるのと同じである．本シリーズの大目標はこれら数十通りのビタミン剤的役割を果たす考え方や技巧を読者に徹底的に教授することに尽きる．

【本シリーズの教授法——横割り教育法——について】

　数学を学ぶ初期の段階では，新しい概念・知識・公式を理解しなければならないが，そのためには，教科書のようにテーマ別（単元別）に教えていくことが能率的である．しかし，ひととおりの知識を身につけた学生が狙うべき次のターゲットは"実戦力の養成"である．その段階では，"知識を自在に活用するための考え方や技巧"の修得が必須になる．そのためには，"パターン認識的"に問題をとらえ，"このテーマの問題は次のように解答せよ"と教える教授法（**縦割り教育法**）より，むしろ少し遠回りになるが，テーマを超えて存在する考え方や技巧に焦点を合わせた教授法（**横割り教育法**）のほうがはるかに効果的である．というのは，上で述べたように，考え方のおのおのに注目すると，その考え方を用いなければ解けない，いくつかの分野にまたがる問題群が存在するから

である．本書に従ってこれらの考え方や技巧をすべて学習し終えた後，振り返ってみれば受験数学の全分野にわたる復習を異なる観点に立って行ったことになる．すなわち，本書は"縦割り教育法"によってひととおりの知識を身につけた読者を対象とし，彼らに"横割り教育法"を施すことにより，彼らの潜在していた能力を引き出し，さらにその能力を啓発することを目指したものである．

【本シリーズの特色――発見的教授法――について】

本シリーズのタイトルに冠した発見的教授法という言葉に，筆者が託した思いについて述べる．

標準的学生にとっては，突然すばらしい解答を思いつくことはおろか，それを提示されてもどのようにしてその解答に至ったのかのプロセスを推測する事さえ難しい．そこで，本シリーズにおいては，天下り的な解説を一切排除し，"どうすれば解けるのか"，"なぜそうすれば解けるのか"，また逆に，"なぜそうしたらいけないのか"，"どのようにすれば，筋のよい解法を思いつくことができるのか"などの正解に至るプロセスを徹底的に追求し，その足跡を克明に表現することに努めた．

このような教え方を，筆者は"**発見的教授法**"とよばせていただいた．その結果，10行ほどの短い解答に対し，そこにたどりつくまでのプロセスを描写するのに数頁をもさいている箇所もしばしばある．このように配慮した結果，優秀な学生諸君にとっては，冗長な感を抱かせる箇所もあるかもしれない．そのようなときは適宜，読み飛ばしていただきたい．

1995年4月　秋山　仁

※　本書は1995年発行当時のまま，手を加えずに復刊したため，現行の高校学習指導要領には沿っていない部分もあります．

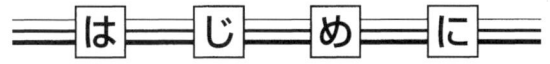

　ある問題を解く際，的確なアングルからその問題の本質を捕え，鮮やかな解法を見つけられたときに，人はゾクゾクするような快感を体験できる．そのような解法を"エレガントな解答"と言うのに対し，見通しのない方針のもとで何とか腕力で伏せようとするのを"エレファントな解答"と言う．問題を解くための時間に制約が課せられているとき，"時間が足りなかった．もう少し時間があれば，あと1題ぐらい解けたのに……"と悔やむことになる．

　時間の制約があるなかで，正確な解答を作るためにはどのような対策を講じればよいのだろうか．たとえば，試験ならば，だれだって一刻でも早く計算をすませようと考えている．しかし，"迅速かつ正確に計算をすませるぞ．"という意気込みだけでは，必ずしも大きな効果は見込めない．そこで，計算を早く済ませる，より具体的な方策を体系的に身につける必要がある．

　受験生が試験で，"時間が足りなくなる"最大の原因となる"計算"に焦点をあわせ，隣りの人より要領よく計算して"20分"も早く試験を完了させることができるようになるコツを徹底的に解説することを本書の目的とした．そのコツとは，計算量を減らす工夫や技術，すなわち，"やらないで済ませることのできる計算は一切しないで済ませる技法"を修得することである．

　かつて，著者は自分の教えていた駿台生の協力の下に，次のような調査を行った．それは，『駿台の1年間の授業を通して，授業の中で先生が解説した模範解答，参考書や問題集，模試の模範解答などを勉強して，この計算法は手際よく，要領がよいと感心したような工夫やテクニックはどんなものだったか，また，それらのテクニックが登場した場面はどこであったか』についての調査であった．数百人の学生達から報告されてきたテクニックは必ずしも全部が一致していた訳ではないが，多くの学生に共通して重要であると認識されていた技法が約50通り存在した．それを整理し，体系的にまとめたものが本書の骨格になっている．すなわち，数学の試験で，計算量を最小にすることにより時間を節約し，面倒な計算を回避し，その結果，要領のよい合格答案が作成できるようにするための理論を解説したものが本書である．それら50通りの内訳は，高校2年までに習う数学の範囲でしばしば用いられるものが約30通り，高校3年の範囲まで含めると更に20通りくらいあった．これら50通りのうちのいくつかを駆使して，エレガントな解答をつくることができるのである．手際よく計算できない人は，人より10分余計に計算することになるだけでなく，恐ろしいことには，1年間と10分余計に勉強するハメになってしまうということを認識すべきだ．本書を勉強し，読者諸賢がエレファントではなく，エレガントな解法を導けるようになり，問題解決の妙技を堪能していただければ幸甚である．

目次

復刻に際して	………… iii
序　　文	………… v
はじめに	………… viii
縦割り（テーマ別）目次	………… x

序章　　　　　　　　　　1

第1章　次数の考慮　　　6
§1　解と係数の関係を利用せよ …… 6
§2　2次以上の計算を回避せよ …… 13
§3　接することを高次の因数で表せ … 17
§4　積や商は対数をとれ …………… 21

第2章　図の利用　　　24
§1　計算のみに頼らず，グラフを活用せよ … 24
§2　傾きに帰着せよ ……………… 28

第3章　対称性の利用　　35
§1　基本対称式の利用 …………… 35
§2　対称図形は基本パターンに絞れ … 39
§3　折れ線は折り返せ（フェルマーの原理）… 42
§4　3次関数は点対称性を利用せよ … 46
§5　関数とその逆関数は線対称 …… 53

第4章　やさしいものへの帰着　59
§1　整関数へ帰着せよ …………… 59
§2　三角関数は有理関数へ帰着せよ … 64
§3　楕円は円に帰着せよ ………… 69
§4　正射影を利用せよ …………… 74
§5　変数の導入を工夫せよ ……… 78
§6　相加・相乗平均の関係を利用せよ … 82

第5章　置き換えや変形の工夫　89
§1　先を見越した式の変形をせよ … 89
§2　ブロックごとに置き換えよ …… 92
§3　円やだ円は極座標で置き換えよ … 97
§4　$\cos\theta + \sin\theta = t$ と置け …… 100
§5　情報を文字や記号に盛り込め … 106

第6章　積分計算の簡略法　109
§1　奇関数・偶関数の性質の利用 … 109
§2　積分区間の分割を回避せよ …… 113
§3　$\int_{\alpha}^{\beta}(x-\alpha)(x-\beta)dx = -\frac{1}{6}(\beta-\alpha)^3$ を利用せよ ………… 120
§4　$\int_{\alpha}^{\beta}(x-\alpha)^m(\beta-x)^n dx$ は公式に持ち込め ………… 124
§5　$\sqrt{a^2-x^2}$ の積分は扇形に帰着せよ … 131
§6　積分を避け，台形や三角形に分割せよ … 135

あとがき　　　　　………… 143

[※第I～V巻の目次は前見返しを，別巻の目次は後見返しを参照]

縦割り目次

（テーマ別）

> **縦割り（テーマ別）目次について**
> ○ 各テーマ別初めのローマ数字（Ⅰ，Ⅱ，…）は，本シリーズの巻数を表している．別は別巻を表す．
> ○ それに続く $E(1\cdot1\cdot3)$ や $P(1\cdot1\cdot4)$ については，E は例題，P は練習を示し，（　）内の数字は各問題番号である．
> ○ 1，2，……は各巻の章を表している．

[1] **数と式**

　相加平均・相乗平均の関係
　　Ⅱ．$E(1\cdot1\cdot3)$, $P(1\cdot1\cdot4)$,
　　　　$P(1\cdot1\cdot5)$, $P(1\cdot2\cdot2)$,
　　　　$E(3\cdot2\cdot3)$
　　Ⅲ．$E(4\cdot1\cdot1)$
　　Ⅳ．$E(1\cdot2\cdot4)$
　　別Ⅱ．$P(4\cdot6\cdot1)$, $P(4\cdot6\cdot3)$
　　　　$P(4\cdot6\cdot4)$

　その他
　　Ⅰ．$P(4\cdot1\cdot1)$, $E(4\cdot1\cdot3)$,
　　　　$E(4\cdot1\cdot4)$, $P(5\cdot3\cdot1)$
　　Ⅱ．$E(3\cdot1\cdot4)$, $E(3\cdot3\cdot6)$
　　Ⅲ．$E(1\cdot2\cdot1)$, $P(1\cdot2\cdot1)$,
　　　　$E(1\cdot3\cdot2)$, $E(3\cdot1\cdot4)$,
　　　　$P(3\cdot1\cdot4)$, $E(4\cdot1\cdot4)$,
　　　　$P(4\cdot1\cdot4)$, $P(4\cdot4\cdot1)$,
　　　　$E(4\cdot4\cdot2)$, $E(4\cdot4\cdot3)$
　　Ⅳ．$P(1\cdot3\cdot2)$

　　別Ⅱ．$E(1\cdot2\cdot1)$, $P(1\cdot2\cdot1)$,
　　　　$E(5\cdot5\cdot1)$, $P(5\cdot5\cdot1)$,
　　　　$P(5\cdot5\cdot2)$

[2] **方程式**

　方程式の（整数）解の存在および解の個数
　　Ⅰ．$P(2\cdot2\cdot3)$, $E(2\cdot2\cdot4)$,
　　　　$E(2\cdot2\cdot5)$, $P(2\cdot2\cdot5)$
　　Ⅱ．$E(3\cdot3\cdot5)$
　　Ⅲ．$E(3\cdot1\cdot3)$, $P(3\cdot2\cdot2)$,
　　　　$P(4\cdot3\cdot5)$
　　Ⅳ．$E(3\cdot1\cdot1)$, $P(3\cdot1\cdot1)$,
　　　　$P(3\cdot1\cdot2)$, $E(3\cdot1\cdot3)$,
　　　　$P(3\cdot1\cdot4)$
　　別Ⅱ．$P(1\cdot1\cdot1)$

　その他
　　Ⅱ．$P(3\cdot3\cdot4)$
　　Ⅲ．$E(3\cdot1\cdot2)$, $P(3\cdot1\cdot7)$,
　　　　$P(4\cdot1\cdot3)$

　　別Ⅱ．$E(1\cdot1\cdot1)$, $P(1\cdot1\cdot3)$,
　　　　$E(2\cdot1\cdot1)$, $P(2\cdot1\cdot2)$

[3] **不等式**

　不等式の証明
　　Ⅰ．$E(2\cdot1\cdot2)$, $P(2\cdot1\cdot2)$,
　　　　$E(2\cdot1\cdot7)$, $P(2\cdot1\cdot7)$,
　　　　$E(2\cdot1\cdot8)$, $P(5\cdot1\cdot4)$
　　Ⅱ．$P(1\cdot3\cdot1)$, $P(1\cdot3\cdot2)$
　　Ⅲ．$E(3\cdot2\cdot1)$, $P(3\cdot2\cdot1)$,
　　　　$E(3\cdot2\cdot2)$, $E(3\cdot3\cdot1)$,
　　　　$P(3\cdot3\cdot1)$, $E(3\cdot3\cdot3)$,
　　　　$E(3\cdot3\cdot4)$, $P(3\cdot3\cdot4)$,
　　　　$P(4\cdot2\cdot3)$
　　Ⅳ．$E(3\cdot2\cdot2)$, $E(3\cdot2\cdot3)$,
　　　　$P(3\cdot2\cdot3)$

　不等式の解の存在条件
　　Ⅳ．$E(3\cdot6\cdot2)$, $P(3\cdot6\cdot4)$,
　　　　$P(3\cdot6\cdot5)$, $P(3\cdot6\cdot6)$

縦割り目次　xi

その他
　　Ⅰ. P(5・3・5)
　　Ⅱ. P(1・2・3), P(2・1・3),
　　　 E(3・4・4)
　　Ⅲ. E(2・2・1), P(3・1・3),
　　　 P(3・3・2), P(4・4・2),
　　　 P(4・4・4)
　　Ⅳ. E(3・2・1), P(3・2・1),
　　　 P(3・2・4), E(3・3・5),
　　　 P(3・3・7)

[4] 関　数
　関数の概念
　　Ⅱ. E(3・1・1), P(3・1・1),
　　　 P(3・1・2)
　　Ⅲ. E(1・2・3)

　その他
　　Ⅰ. E(4・1・1)
　　Ⅱ. E(1・2・2), E(3・1・2),
　　　 P(3・1・4), P(3・2・3),
　　　 P(3・3・5)
　　Ⅲ. P(1・2・3)

[5] 集合と論理
　背理法
　　Ⅰ. E(5・2・1), P(5・2・1),
　　　 E(5・2・2), P(5・2・2)
　　Ⅲ. P(1・3・1), E(4・4・3),
　　　 E(4・4・4)
　　Ⅳ. E(1・3・1), P(1・3・1),
　　　 E(1・3・3), P(1・3・3),
　　　 P(2・1・1)

　数学的帰納法
　　Ⅰ. 第 2 章全部
　　　 P(4・1・1), P(5・1・3)
　　Ⅲ. E(4・1・3), P(4・4・3)

　鳩の巣原理
　　Ⅰ. E(2・2・6), P(2・2・7)
　　Ⅲ. E(4・1・2), P(4・1・2)

　必要条件・十分条件
　　Ⅰ. 第 5 章 §1 全部
　　Ⅱ. E(1・2・2)
　　Ⅳ. E(1・3・2), E(3・6・1),
　　　 P(3・6・1), P(3・6・2),
　　　 P(3・6・3)

　その他
　　Ⅰ. 第 1 章全部, E(5・3・3)
　　Ⅱ. P(2・3・1)
　　Ⅲ. E(1・2・2), P(1・2・2),
　　　 E(1・3・1)
　　Ⅳ. E(2・1・2), P(2・1・2),
　　　 P(2・1・3), P(2・1・4),
　　　 E(2・2・2)

[6] 指数と対数
　　Ⅰ. P(3・2・1)

[7] 三角関数
　三角関数の最大・最小
　　Ⅱ. E(1・1・4), P(1・1・6),
　　　 E(3・2・1), E(4・1・2),
　　　 E(4・1・3), E(4・5・5)
　　Ⅳ. E(3・4・2), P(3・4・4)
　　別Ⅱ. P(2・2・2), P(2・2・3),
　　　 E(4・2・1), P(4・2・1),
　　　 E(4・5・1), P(4・5・1),
　　　 E(5・4・1), P(5・4・1),
　　　 P(5・4・2)

　その他
　　Ⅱ. E(2・1・1)
　　Ⅲ. E(2・2・2), P(4・1・6),
　　　 E(4・2・1), E(4・4・1)

　　Ⅳ. P(3・4・3)

[8] 平面図形と空間図形
　初等幾何
　　Ⅰ. P(3・1・3), E(3・1・4),
　　　 E(3・1・5), E(3・2・3)
　　Ⅳ. E(1・1・2), P(1・2・2),
　　　 E(1・2・2)
　　Ⅴ. E(1・1・1), E(1・2・3),
　　　 P(1・2・3), E(1・2・4),
　　　 E(2・2・5)
　　別Ⅱ. E(3・2・1), P(3・2・1),

　正射影
　　Ⅴ. 第 1 章 §3 全部
　　別Ⅱ. E(4・4・1), P(4・4・1)

　その他
　　Ⅰ. E(4・2・4)
　　Ⅱ. P(1・2・3), E(1・4・3),
　　　 P(1・4・4), P(1・4・5),
　　　 P(2・1・3), E(2・1・4),
　　　 P(2・1・4), P(2・1・5),
　　　 P(2・2・2), P(3・1・5)
　　Ⅲ. E(3・1・6), P(3・1・6),
　　　 E(3・2・3), P(3・3・3),
　　　 E(4・2・2), P(4・2・2),
　　　 P(4・2・3)
　　Ⅳ. E(3・2・4)
　　別Ⅱ. E(3・3・1), P(3・3・1),
　　　 E(5・1・1)

[9] 平面と空間のベクトル
　ベクトル方程式
　　Ⅰ. P(5・3・3)
　　Ⅴ. E(1・3・4), E(1・3・5)

xii 　　縦割り目次

ベクトルの1次独立
　　I. P(3・1・1), E(3・1・1)

[10] 平面と空間の座標

媒介変数表示された曲線
　　II. E(1・2・1), P(1・2・1),
　　　 E(4・4・1), P(4・4・1)
　　III. E(2・2・3), P(2・2・3),
　　　　E(2・2・4), P(2・2・4),
　　　　E(2・2・5)

定点を通る直線群, 定直線を含む平面群
　　II. P(4・5・1), E(4・5・2),
　　　 P(4・6・1), P(4・6・4),
　　　 E(4・6・5), P(4・6・5),
　　　 E(4・6・6)

2曲線の交点を通る曲線群,
　　　2曲面を含む曲面群
　　II. E(4・5・1), E(4・5・2),
　　　 P(4・5・2), E(4・6・1),
　　　 P(4・6・1), E(4・6・2),
　　　 P(4・6・2), E(4・6・4),
　　　 P(4・6・4)

曲線群の通過範囲
　　I. E(5・3・2), P(5・3・2)
　　II. E(2・3・2), E(3・3・3),
　　　 P(3・3・3), E(3・3・4),
　　　 E(4・3・1), P(4・3・1),
　　　 E(4・3・2), P(4・3・2),
　　　 E(4・5・3), P(4・5・3),
　　　 E(4・5・4), P(4・5・4),
　　　 E(4・5・5)
　　III. E(2・2・1), P(2・2・1),
　　　　E(2・2・2), P(2・2・2)
　　IV. E(1・1・2)

座標軸の選び方
　　II. 第2章 §2 全部

その他
　　I. P(5・3・3)
　　II. P(4・5・5), E(4・6・1),
　　　 E(4・6・2), E(4・6・3),
　　　 E(4・6・4)
　　III. E(2・1・3), E(3・1・5),
　　　　E(4・3・1), P(4・3・1)
　　IV. P(1・1・1)
　　V. E(1・1・2), E(1・1・3),
　　　 E(1・2・1), P(1・2・1),
　　　 E(1・2・2), P(1・2・2)

[11] 2次曲線

だ円
　　II. P(2・1・2)
　　III. E(2・1・2), P(2・1・2)
　　IV. E(1・2・1)
　　別II. E(4・3・1), P(4・3・1),
　　　　 P(4・3・2), E(6・5・1)

放物線
　　II. E(2・2・1), P(2・2・1),
　　　 E(2・2・2), P(3・1・3)
　　III. P(2・1・3)
　　別II. P(1・3・1)

[12] 行列と1次変数

回転, 直線に関する対称移動
　　別I. 第2章 §1 全部

その他
　　I. P(3・1・1), E(3・1・2),
　　　 P(5・1・1), E(5・3・1),
　　　 P(5・3・2), E(5・3・4),
　　　 P(5・3・4)
　　II. P(3・3・6)

別I. 別巻I 全部

[13] 数列とその和

漸化式で定められた数列の一般項の求め方
　　I. E(2・1・5), E(2・1・6),
　　　P(2・1・9), P(4・1・2)
　　II. E(3・4・1), P(3・4・1),
　　　 E(3・4・2), P(3・4・2),
　　　 E(3・4・3)
　　III. E(1・1・1), P(1・1・1)
　　IV. P(2・2・1), E(2・2・3)
　　別II. E(1・4・1), P(1・4・1),

その他
　　I. P(3・1・2), P(3・2・2),
　　　E(5・3・5), P(5・3・5)
　　II. E(2・3・1)
　　III. E(1・1・2), P(1・1・2),
　　　　E(1・1・3), P(1・1・3),
　　　　E(1・3・3), P(1・3・3),
　　　　E(3・3・2), P(4・2・1)

[14] 基礎解析の微分・積分

3次関数のグラフ
　　II. E(2・2・3), P(2・2・3),
　　　 E(2・2・4), P(2・2・4),
　　　 P(2・2・5), E(3・1・2)
　　III. E(2・1・1)
　　別II. P(1・1・2), E(1・3・1),
　　　　 E(3・4・1), P(3・4・1)

その他
　　I. P(4・1・3)
　　II. E(1・2・2), E(1・2・4),
　　　 P(1・2・4), E(1・3・1),
　　　 P(1・3・1), P(1・3・2),
　　　 E(1・4・2), P(1・4・3),
　　　 E(3・1・5), P(3・1・6)
　　III. E(4・1・3), E(4・1・6)

縦割り目次　xiii

別Ⅱ．P($1\cdot3\cdot2$)，E($3\cdot5\cdot1$)，
　　　P($3\cdot5\cdot2$)，P($4\cdot6\cdot2$)
　　　E($6\cdot1\cdot1$)，P($6\cdot1\cdot1$)
　　　P($6\cdot1\cdot2$)，E($6\cdot2\cdot1$)
　　　P($6\cdot2\cdot1$)，P($6\cdot2\cdot2$)
　　　P($6\cdot3\cdot1$)，E($6\cdot4\cdot1$)
　　　P($6\cdot4\cdot1$)，P($6\cdot4\cdot2$)
　　　P($6\cdot5\cdot1$)，E($6\cdot6\cdot1$)
　　　P($6\cdot6\cdot1$)

[15]　最大・最小

　2変数関数の最大・最小
　　　Ⅳ．第3章§3全部

　2変数以上の関数の最大・最小
　　　Ⅱ．E($1\cdot1\cdot1$)，P($1\cdot1\cdot1$)，
　　　　　E($1\cdot1\cdot2$)，P($1\cdot1\cdot2$)，
　　　　　P($1\cdot1\cdot3$)
　　　Ⅳ．P($3\cdot3\cdot6$)
　　　別Ⅱ．P($3\cdot1\cdot1$)，E($3\cdot1\cdot1$)，
　　　　　E($4\cdot6\cdot1$)

　最大・最小問題と変数の置き換え
　　　Ⅱ．E($1\cdot1\cdot4$)，P($1\cdot1\cdot6$)，
　　　　　E($3\cdot2\cdot1$)，P($3\cdot3\cdot5$)
　　　Ⅳ．P($3\cdot4\cdot1$)，E($3\cdot4\cdot3$)
　　　別Ⅱ．E($5\cdot2\cdot1$)，P($5\cdot2\cdot1$)，
　　　　　P($5\cdot2\cdot3$)

　図形の最大・最小
　　　Ⅱ．E($4\cdot1\cdot4$)，P($4\cdot1\cdot4$)，
　　　　　E($4\cdot1\cdot5$)，P($4\cdot1\cdot5$)
　　　Ⅲ．P($3\cdot1\cdot5$)，E($3\cdot1\cdot7$)

　独立2変数関数の最大・最小
　　　Ⅱ．E($4\cdot1\cdot1$)，P($4\cdot1\cdot1$)，
　　　　　E($4\cdot1\cdot2$)，P($4\cdot1\cdot2$)，
　　　　　E($4\cdot1\cdot3$)，P($4\cdot1\cdot3$)，
　　　　　P($4\cdot2\cdot1$)，E($4\cdot2\cdot2$)，

P($4\cdot2\cdot2$)，E($4\cdot2\cdot3$)
　　　別Ⅱ．E($5\cdot3\cdot1$)

　その他
　　　Ⅱ．E($3\cdot1\cdot3$)，P($3\cdot2\cdot1$)，
　　　　　E($3\cdot2\cdot2$)，P($3\cdot2\cdot2$)，
　　　　　E($3\cdot3\cdot2$)，P($3\cdot3\cdot2$)，
　　　　　E($4\cdot3\cdot3$)
　　　Ⅲ．P($3\cdot1\cdot2$)，E($4\cdot1\cdot1$)，
　　　　　P($4\cdot1\cdot1$)
　　　Ⅳ．E($3\cdot4\cdot1$)
　　　Ⅴ．E($1\cdot1\cdot4$)
　　　別Ⅱ．P($2\cdot1\cdot1$)，E($2\cdot1\cdot1$)，
　　　　　P($2\cdot2\cdot1$)，E($4\cdot1\cdot1$)，
　　　　　P($5\cdot3\cdot1$)，E($6\cdot3\cdot1$)

[16]　順列・組合せ

　場合の数の数え方
　　　Ⅰ．第3章§2全部
　　　Ⅱ．E($1\cdot4\cdot1$)，P($2\cdot3\cdot2$)
　　　Ⅲ．E($3\cdot1\cdot1$)，P($3\cdot1\cdot1$)，
　　　　　E($4\cdot1\cdot4$)
　　　Ⅳ．E($2\cdot1\cdot1$)，E($2\cdot2\cdot2$)，
　　　　　E($2\cdot2\cdot3$)

　その他
　　　Ⅲ．E($2\cdot2\cdot7$)，E($4\cdot1\cdot4$)

[17]　確率

　やや複雑な確率の問題
　　　Ⅰ．E($4\cdot2\cdot1$)，P($4\cdot2\cdot1$)，
　　　　　E($4\cdot2\cdot2$)，E($4\cdot2\cdot3$)，
　　　　　P($4\cdot2\cdot3$)
　　　Ⅱ．E($1\cdot4\cdot1$)，P($1\cdot4\cdot1$)，
　　　　　P($1\cdot4\cdot2$)
　　　Ⅳ．E($2\cdot1\cdot3$)，E($2\cdot2\cdot1$)，
　　　　　P($2\cdot2\cdot1$)，P($2\cdot2\cdot2$)，
　　　　　E($2\cdot2\cdot3$)，E($3\cdot7\cdot1$)，
　　　　　P($3\cdot7\cdot1$)，E($3\cdot7\cdot2$)，

P($3\cdot7\cdot2$)

　期待値
　　　Ⅰ．E($4\cdot2\cdot1$)
　　　Ⅲ．E($2\cdot1\cdot4$)，P($2\cdot1\cdot4$)，
　　　　　P($4\cdot1\cdot4$)
　　　Ⅳ．P($3\cdot7\cdot3$)

　その他
　　　Ⅲ．P($2\cdot2\cdot5$)，E($2\cdot2\cdot6$)，
　　　　　E($4\cdot1\cdot4$)

[18]　理系の微分・積分

　数列の極限
　　　Ⅰ．E($2\cdot2\cdot2$)，P($2\cdot2\cdot2$)
　　　Ⅳ．P($3\cdot4\cdot3$)，E($3\cdot5\cdot1$)，
　　　　　P($3\cdot5\cdot1$)，P($3\cdot5\cdot3$)

　関数の極限
　　　Ⅱ．P($3\cdot1\cdot6$)
　　　Ⅲ．E($4\cdot3\cdot2$)，P($4\cdot3\cdot2$)
　　　Ⅳ．P($2\cdot2\cdot1$)，E($3\cdot1\cdot2$)

　平均値の定理
　　　Ⅰ．P($2\cdot2\cdot1$)，E($2\cdot2\cdot5$)，
　　　　　P($2\cdot2\cdot6$)

　中間値の定理
　　　Ⅰ．E($2\cdot2\cdot3$)，P($2\cdot2\cdot3$)，
　　　　　P($2\cdot2\cdot4$)
　　　Ⅲ．E($4\cdot1\cdot5$)

　積分の基本公式
　　　Ⅱ．E($1\cdot2\cdot2$)，P($1\cdot2\cdot2$)，
　　　　　E($1\cdot2\cdot3$)，P($1\cdot2\cdot3$)
　　　Ⅲ．P($4\cdot1\cdot3$)，E($4\cdot1\cdot6$)，
　　　　　E($4\cdot3\cdot3$)，E($4\cdot3\cdot5$)

曲線の囲む面積

Ⅱ. E(1·2·4), P(1·2·4), E(3·1·2)
Ⅲ. P(2·1·1)

立体の体積

Ⅱ. E(1·2·1), E(1·3·1), E(1·4·2), P(1·4·3), E(3·3·1), P(3·3·1)
Ⅴ. 第2章全部

その他

Ⅰ. E(2·2·1)
Ⅲ. P(1·3·2), E(2·1·1), P(4·1·5), E(4·1·6), P(4·1·6), E(4·2·3), P(4·3·3), E(4·3·4), P(4·3·4)
別Ⅱ. P(1·4·2), P(4·6·3), P(5·1·1), P(5·2·2), P(5·4·3)

発見的教授法による数学シリーズ

別巻2
数学の計算回避のしかた

序章　計算の達人になるには

【A】　計算力の重要さを知れ

　　試験では限られた時間内で多くの問題を解かなくてはならない．だから，計算の手間を省くさまざまな手法，考え方を身につけることは極めて大切である．
　　いくら多くの知識，考え方，テクニックを知っていても計算するのに時間がかかりすぎたり計算まちがいを犯してしまったら何にもならない．計算力は，思考力や洞察力と同様に大切であり，それらは互いに関連した力である．というのは，計算がしっかりできる人は計算をしながら，先を洞察していくことができ，その結果，推理する力が生じてくるからだ．何はともあれ，君達は計算の達人にならなければならない．計算の達人とは，正確で早い計算力を有するコンピュータみたいな人か，または，回避することが可能な計算をすべて回避し，どうしても避けることのできない必要最小限の計算だけで計算をすませることのできる人のことである．諸君が目指すべきは言うまでもなく後者である．というのはどんな人だって，焦っている試験中，たいへんな量の計算をすれば計算まちがいをしでかすに違いないのだから．

　　上述のことからわかるように「計算の手間を考えてから，解法を決定する」ということを習慣化しなければならない．すなわち，

　　　〝何通りかの方針を思い浮かべた後に，その各々について，計算量や
　　　　難しさを評価し，最適の解法を決定せよ〟

ということである．このことの重要性を，次の問題を例に実感して貰おう．

〈例〉
　原点 O，P(x_1, y_1)，Q(x_2, y_2) がつくる三角形の面積 S が，
$$S = \frac{1}{2} | x_1 y_2 - x_2 y_1 |$$
であることを示せ．

方　針　　1　〈小学生的なやり方〉

　図1のように，求めるべき三角形を適当な四角形で囲み，△POQ 以外の図形の面積を取り除く解法．しかし，△POQ が図2のような場合も考えられるので，場合分けが必要となり，結構やっかいである．

2　序章　計算の達人になるには

方針　2　〈ベクトルを使うやり方〉

$\angle POQ = \theta$ とすると，$\overrightarrow{OP}, \overrightarrow{OQ}$ の内積の定義より，

$$\cos\theta = \frac{\overrightarrow{OP}\cdot\overrightarrow{OQ}}{|\overrightarrow{OP}|\cdot|\overrightarrow{OQ}|} \quad \cdots\cdots ①$$

また，$\triangle POQ$ の面積 S は，

$$S = \frac{1}{2}|\overrightarrow{OP}|\cdot|\overrightarrow{OQ}|\sin\theta \quad \cdots\cdots ②$$

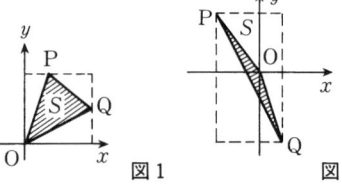

図1　　図2

①を②に代入して S は求められるが，ベクトルや内積などのやや高度な知識を必要とする．しかし，そのわりには，計算に時間がかかる．

方針　3　〈ヘッセの公式を用いる解法(1)〉

線分 PQ を三角形の底辺とみなし，原点 O から直線 PQ に下ろした垂線 OH を高さとみる（図3）．このとき，

$$S = \frac{1}{2}\times PQ \times OH$$

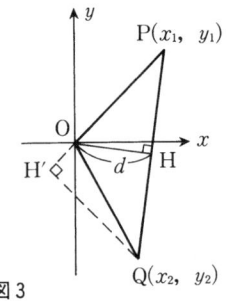

図3

線分 OH の長さを求めるためには，直線 PQ の方程式を求め，原点 O からこの直線への距離をヘッセの公式で求めればよい．しかし，これと同様な方針でも，計算量を考えれば次のようにしたほうがよい．

方針　4　〈ヘッセの公式を用いる解法(2)〉

図3において，線分 OP を底辺とみなし，点 Q から直線 OP へ下ろした垂線の足を H′ とする．このとき，

$$S = \frac{1}{2}\times OP \times QH'$$

この方法のほうが〈方針3〉より優れている理由は，直線 OP の方程式（または線分 OP の長さ）を求めるほうが，直線 PQ の方程式（または線分 PQ の長さ）を求めるより簡単だからである．

解答　直線 OP の方程式は，

$$y_1 x - x_1 y = 0$$

よって，点 $Q(x_2, y_2)$ から直線 OP への距離 QH′ は，ヘッセの公式より

$$QH' = \frac{|y_1 x_2 - x_1 y_2|}{\sqrt{y_1^2 + (-x_1)^2}}$$

$$= \frac{|y_1 x_2 - x_1 y_2|}{OP}$$

したがって，$\triangle POQ$ の面積 S は，

$$S = \frac{1}{2} \times \mathrm{OP} \times \mathrm{QH}'$$
$$= \frac{1}{2} |x_1 y_2 - x_2 y_1| \quad \leftarrow \begin{array}{l} |y_1 x_2 - x_1 y_2| = |-(x_1 y_2 - y_1 x_2)| \\ = |x_1 y_2 - x_2 y_1| \end{array}$$

　どの参考書でも，計算量を考慮した解法をすることの重要性を断片的には解説している．すなわち，直接的に，計算量について触れてはいなくても，問題に応じて最良と思われる解答を解説している．当然，「計算の手間数を考慮した解法のつくり方」を体系的に解説するのは難しい．なぜならば，個々の問題に応じて最良の解法は異なってくるからである．そこで，本書ではできる限り体系的に〝計算法〟について解説することを試みた．

【B】　人より早く計算ができ，かつ計算まちがいをしないようになるにはどんなことに注意すればよいか．

　入試の採点中に気づく，計算まちがいが多い箇所や計算量の多くなる箇所には次のものがある．

　　① 四則演算　　　　　② 分数式における通分
　　③ 無理数，指数，対数の処理　　④ 三角関数の計算
　　⑤ 微分　　⑥ 積分　　⑦ 行列の演算

　それ以外にも符号ミスや絶対値を外す際のミス，添字ミスおよび書きまちがいなどのケアレスミスもあるが，これらは計算力の欠如というよりは，むしろ〝注意力の欠如〟の範囲に属するものなので，ここでは省くことにしよう．

　おおざっぱにいってしまえば，上述の数種類の計算のどれかをしている最中に，ミスを犯すのである．だから，ミスをしやすい箇所をなるべく避けて通る，または避けられないときは，計算量を減らす工夫をコマメにするべきだ．そして，最後に念には念を入れて，できれば検算まですれば安心であろう．検算をする余裕をつくり出すためには，計算を短時間ですませていなければいけない．上述の事柄が実行できるために，どんな問題に直面したときも，諸君は次のことに注意せよ．

(a)　図を使って計算を省けないか (**図の利用**)．
(b)　分数，無理数，指数，対数，絶対値記号，微分または積分などにおいて，置き換えをすることによって，たいへんな計算を少しでも軽減できないか (**置き換え**)．

(c) 計算をするかわりに，理論的に議論することで決着がつけられないか (**理論の活用**)．
(d) 場合分けをして，各場合の計算が楽にならないか (**困難は分割せよ**)．
(e) 対応，対称性，周期性などの規則を捉え，システマティックに計算することができないか (**数学的性質の利用**)．
(f) 二次曲線や空間における直線や平面を扱う問題などのとき，適切なパラメータを導入し，計算量を減らせないか (**パラメータの利用**)．
(g) 幾何学的知識に基づき計算量を減らせないか (**幾何学的性質の利用**)．
　　例：相似比，正射影，拡大・縮小の際の比率の利用
(h) 適切な記号や座標を導入して，計算量を減らせないか (**最適な記号や座標の導入**)．
(i) 対称性があるときに"同様に"という言葉を用いて，考慮すべき場合の数を減らせないか (**類似な議論の重複の回避**)．
(j) "一般性を失うことなく"という言葉を使うことによって，考慮すべき対象を限定したり，同種の計算の繰り返しなどを避けられないか (**考察すべき分野の絞りこみ**)．

【C】 検算する習慣をつけよう

　答えが出たあと，できれば検算したほうがよいに決まっている．しかし，多くの場合，検算する余裕は十分にはない．だから，自分の出した答えの自信のないものだけを検算することが能率的である．検算すべきか否かを見極めるポイントは次のものである．

(1) **答えが不自然なものではないか．**
　　すなわち，
$$\frac{37273}{198653} \quad \sqrt{5871012}$$
等は，解答のなかでめったに出てくる数ではない．ある参考書によると，"無理数で，出てくるものは 80% 以上，$\sqrt{2}$ か $\sqrt{3}$ である"とのことである (もっとも，このことに対する根拠などまったくないが)．

(2) **答えが納得のいくものか否か．**
　　例えば，$\sin\theta$ の値が 1.2 になったり，確率の値が 1 をこえたり，面積が負になったり … 常識ですぐ誤答と判断できることもある．

(3) **特別なときに，その答えは正しいか．**
　すべての場合の検算をするのが大変なときは，特別な場合や極端な場合についてだけでもチェックしておくことが大切である．とくに，数列の一般項などを求めたとき，初項が正しいか否かをチェックするだけでも有効である．

第Ⅰ章　次数の考慮

§1　解と係数の関係を利用せよ

2次方程式が現れたらすぐ **解の公式** で解を具体的に求めてしまう人が多い．しかし，解の公式を用いると，一般に無理数や分数が現れてしまうので，計算が面倒になる．**解と係数の関係** を利用して解の公式を使わずにすむならば，そのほうが計算が楽になり，正確な解答も得やすくなる．

[例題　1・1・1]

3次方程式 $2x^3-5x^2+(k+3)x-k=0$ の3つの実数解が，ある直角三角形の3つの辺の長さになっているとき，定数 k およびその直角三角形の面積を求めよ．

(関西学院大・商)

方針　1　〈3次方程式の解を具体的に求める，計算が大変な解法〉

題意の3次方程式の左辺を $f(x)$ とおくと，
$$f(x)=2x^3-5x^2+(k+3)x-k$$
$f(1)=0$ より，$f(x)$ は $x-1$ を因数にもつ．
$$\therefore\ f(x)=(x-1)(2x^2-3x+k)$$
よって，$f(x)=0$ の解は $x=1,\ \dfrac{3\pm\sqrt{9-8k}}{4}$

$\left(\text{ただし，}0\leqq 9-8k<9\ \text{より，}\ 0<k\leqq\dfrac{9}{8}\right)$　←三角形の1辺なので $\dfrac{3-\sqrt{9-8k}}{4}>0$
よって，$9-8k<9$

3つの解のうち，最大の値をとるのは，1 または $\dfrac{3+\sqrt{9-8k}}{4}$ である．しかし，斜辺の長さが1だとすると，3辺に関する三平方の定理によって，$k=\dfrac{5}{4}$ となり，$0<k\leqq\dfrac{9}{8}$ を満たさない．

よって，$\dfrac{3+\sqrt{9-8k}}{4}$ が斜辺の長さである．

三平方の定理より，
$$1^2+\left(\dfrac{3-\sqrt{9-8k}}{4}\right)^2=\left(\dfrac{3+\sqrt{9-8k}}{4}\right)^2$$
$$\therefore\ 16+9-6\sqrt{9-8k}+(9-8k)=9+6\sqrt{9-8k}+(9-8k)$$

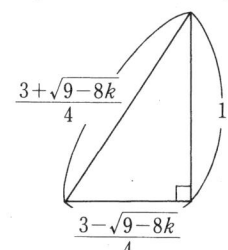

§1 解と係数の関係を利用せよ 7

$$\therefore\quad 16=12\sqrt{9-8k}$$
$$\therefore\quad 4=3\sqrt{9-8k}$$

両辺を 2 乗して，
$$16=9(9-8k)$$
$$\therefore\quad k=\frac{65}{72} \quad\cdots\cdots\text{(答)}$$

求める面積 S は，
$$S=\frac{3-\sqrt{9-8k}}{4}\times 1\times\frac{1}{2}$$
$$=\frac{3-\sqrt{9-8\times\frac{65}{72}}}{8}=\frac{3-\frac{4}{3}}{8}$$
$$=\frac{5}{24}\quad\cdots\cdots\text{(答)}$$

方針 **2** 〈解と係数の関係を用いる解法〉

$f(x)=2x^3-5x^2+(k+3)x-k$ とおく．
$f(1)=0$ だから，$f(x)$ は $x-1$ を因数にもつ．
よって，
$$f(x)=(x-1)(2x^2-3x+k)$$
ここで，
$$2x^2-3x+k=0 \quad\cdots\cdots\text{①}$$
とおき，①の 2 つの実数解を α，β $(0<\beta\leqq\alpha)$ とおくと，直角三角形の 3 辺の長さは，1，α，β となる．
また，①で解と係数の関係より，
$$\alpha+\beta=\frac{3}{2},\quad \alpha\beta=\frac{k}{2} \quad\cdots\cdots\text{②}$$
さて，3 つの実数解のうち，最大値をとるのは 1 または α であるから，斜辺の長さは 1 または α である．以下，斜辺の長さが 1 であるか α であるかの 2 つの場合に分けて考える．

場合 1 斜辺の長さが 1 のとき

三平方の定理より，
$$1=\alpha^2+\beta^2 \quad\cdots\cdots\text{③}$$
また，② より，
$$\alpha^2+\beta^2=(\alpha+\beta)^2-2\alpha\beta$$
$$=\left(\frac{3}{2}\right)^2-2\cdot\frac{k}{2}$$
$$=\frac{9}{4}-k$$

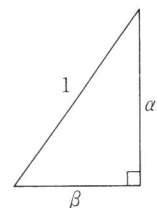

よって，③より，
$$1 = \frac{9}{4} - k$$
$$k = \frac{5}{4}$$

このとき，①の判別式を D とすると，
$$D = 9 - 4 \cdot 2 \cdot k = 9 - 4 \cdot 2 \cdot \frac{5}{4} = -1 < 0$$

となり，①は実数解をもたないので，この場合は起こり得ない．

場合2　斜辺の長さが α のとき

三平方の定理より，
$$\alpha^2 = 1^2 + \beta^2$$
$$\alpha^2 - \beta^2 = 1$$
$$(\alpha + \beta)(\alpha - \beta) = 1$$

これに②の $\alpha + \beta = \frac{3}{2}$ を代入して，

$$\frac{3}{2} \cdot (\alpha - \beta) = 1$$

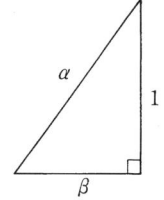

よって，$\alpha - \beta = \frac{2}{3}$

これと②より，$\alpha = \frac{13}{12}$，$\beta = \frac{5}{12}$　（∵ $\beta \leq \alpha$）

よって，$\alpha\beta = \frac{13}{12} \cdot \frac{5}{12} = \frac{65}{144}$

このとき，②より，$\alpha\beta = \frac{k}{2}$ だから，

$$\frac{k}{2} = \frac{65}{144} \quad \text{よって，} \quad k = \boldsymbol{\frac{65}{72}} \quad \cdots\cdots \text{(答)}$$

このとき，①の判別式を D とすると，
$$D = 9 - 4 \cdot 2 \cdot k = 9 - 4 \cdot 2 \cdot \frac{65}{72} = \frac{16}{9} > 0$$

となり，①は異なる2つの実数解をもつので適する．
また，直角三角形の面積は，

$$\frac{1}{2} \times 1 \times \beta = \frac{1}{2} \times 1 \times \frac{5}{12} = \boldsymbol{\frac{5}{24}} \quad \cdots\cdots \text{(答)}$$

〈練習 1・1・1〉

次の各問いに答えよ.
a, b, c, d を実数の定数とする下の3つの2次方程式がある.

$$x^2 - ax + b = 0 \quad \cdots\cdots ①$$
$$2x^2 - 2cx + d = 0 \quad \cdots\cdots ②$$
$$2x^2 - dx + 2c = 0 \quad \cdots\cdots ③$$

(1) 複素数 $\dfrac{3}{5+3i}$ が ① の解であるとき, a, b の値を求めよ.

(2) ② が $\alpha, \alpha+1$ を2解にもち, ③ が $\beta, 5\beta (\beta>0)$ を2解にもつとき, c, α, β の値を求めよ.

(東北工業大・改題)

解答 (1) ① の2解を p, q とする.
$$p = \dfrac{3}{5+3i} = \dfrac{15-9i}{34}$$

よって, ① は p と $q = \dfrac{15+9i}{34}$ を解にもつ. 解と係数の関係より

$$a = p+q = \dfrac{15-9i}{34} + \dfrac{15+9i}{34} = \dfrac{30}{34} = \dfrac{15}{17} \qquad \therefore \ a = \dfrac{15}{17} \ \cdots\cdots (答)$$

$$b = p \cdot q = \dfrac{15-9i}{34} \cdot \dfrac{15+9i}{34} = \dfrac{15^2+9^2}{34^2} = \dfrac{9}{34} \qquad \therefore \ b = \dfrac{9}{34} \ \cdots\cdots (答)$$

(2) 解と係数の関係より

$$\begin{cases} 2\alpha+1 = c & \cdots\cdots ④ \\ \alpha(\alpha+1) = \dfrac{d}{2} & \cdots\cdots ⑤ \end{cases} \qquad \begin{cases} 6\beta = \dfrac{d}{2} & \cdots\cdots ⑥ \\ 5\beta^2 = c & \cdots\cdots ⑦ \end{cases}$$

⑤, ⑥ より $\quad 6\beta = \alpha(\alpha+1) \quad \cdots\cdots ⑧$
④, ⑦ より $\quad 5\beta^2 = 2\alpha+1 \quad \cdots\cdots ⑨$
⑧, ⑨ より α を消去して,

$$6\beta = \left(\dfrac{5}{2}\beta^2 - \dfrac{1}{2}\right)\left(\dfrac{5}{2}\beta^2 + \dfrac{1}{2}\right)$$

展開して整理すると
$$25\beta^4 - 24\beta - 1 = 0$$
$$(\beta-1)(25\beta^3 + 25\beta^2 + 25\beta + 1) = 0$$

$\beta>0$ より $\beta=1$, ⑦ に代入して $c=5$, ④ に代入して $\alpha=2$,
これらは, ⑤, ⑥ を満たす.

$$c=5, \ \alpha=2, \ \beta=1 \quad \cdots\cdots (答)$$

〈練習 1・1・2〉

曲線 $C: y = x^3 - 3x + 4$ と，C 上にない点 $P(a, b)$ について，次の各問いに答えよ．

(1) 点 P から曲線 C へ相異なる 3 本の接線がひけるための a, b に関する条件を導き，そのような P の存在範囲を図示せよ．

(2) (1)において各接点の x 座標が等差数列をなすとき，a, b の満たす式を求めよ．

(神戸大)

解答 (1) $f(x) = x^3 - 3x + 4$ とおくと，$f'(x) = 3x^2 - 3$ である．
よって，点 $(t, t^3 - 3t + 4)$ における曲線 C の接線は
$$y = (3t^2 - 3)(x - t) + t^3 - 3t + 4 \quad \cdots\cdots ①$$
① が点 $P(a, b)$ を通るとき
$$b = (3t^2 - 3)(a - t) + t^3 - 3t + 4$$
$$\therefore \ 2t^3 - 3at^2 + 3a + b - 4 = 0 \quad \cdots\cdots ②$$
が成り立つ．

点 P から曲線 C へ相異なる 3 本の接線がひけるための必要十分条件は，『② が相異なる 3 つの実解をもつとき』$\cdots(☆)$ である．
$$g(t) = 2t^3 - 3at^2 + b + 3a - 4$$
とおくと，
$$g'(t) = 6t^2 - 6at$$
$$= 6t(t - a)$$
であるから，条件 (☆) は次のようにかける：
『$a \neq 0$ かつ $g(0)g(a) < 0$』
$\therefore$『$a \neq 0$ かつ
$\quad (b + 3a - 4)(b - a^3 + 3a - 4) < 0$』

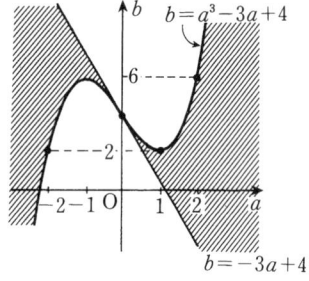

ここで，$a = 0$ の場合は，$f(0)f(a) = \{f(0)\}^2 > 0$ であるから，結局求める条件は
$$(b + 3a - 4)(b - a^3 + 3a - 4) < 0 \quad \cdots\cdots (答)$$
これを満たす点 $P(a, b)$ の存在範囲は右上図の斜線部（境界を含まない）のようになる．

(2) 3 つの接点の x 座標は等差数列をなすから，これらは，"$a - d, \ a, \ a + d$" $\cdots(*)$ とおける．$(*)$ は ② の 3 つの解であるから，3 次方程式の解と係数の関係により

$$\begin{cases} (a-d)+a+(a+d)=\dfrac{3}{2}a \\ (a-d)a+a(a+d)+(a+d)(a-d)=0 \\ (a-d)a(a+d)=-\dfrac{b+3a-4}{2} \end{cases}$$

$$\therefore \quad a=\dfrac{a}{2} \quad \cdots\cdots ③, \quad 3a^2=d^2 \quad \cdots\cdots ④$$

$$b=2a(d^2-a^2)-3a+4 \quad \cdots\cdots ⑤$$

③,④より,$d^2=\dfrac{3}{4}a^2$ であるから,これと③を⑤に代入して a, d を消去すると,

$$b=\dfrac{1}{2}a^3-3a+4 \quad \cdots\cdots ⑥$$

よって,3接点の x 座標が等差数列をなすための必要十分条件は⑥である.
求める条件は,(1)で求めた条件かつ⑥であるから,

$$『\dfrac{1}{2}a^3\cdot\left(-\dfrac{1}{2}a^3\right)<0,\ かつ⑥』$$

$$\therefore \quad 『a^6>0\ かつ⑥』$$

$$\therefore \quad 『a\neq 0\ かつ⑥』$$

よって求める条件は,

$$b=\dfrac{1}{2}a^3-3a+4 \quad (a\neq 0) \quad \cdots\cdots (答)$$

〈練習 1・1・3〉

x についての2次方程式 $x^2-2px+p^2-2p-1=0$ の2つの解を α, β とする.
$\dfrac{1}{2}\cdot\dfrac{(\alpha-\beta)^2-2}{(\alpha+\beta)^2+2}$ が整数となる実数 p をすべて求めよ.

(北海道大)

[解答] 解と係数の関係から α, β と p との間には,次式①,②が成り立つ:

$$\alpha+\beta=2p \quad \cdots\cdots ①$$
$$\alpha\beta=p^2-2p-1 \quad \cdots\cdots ②$$

①,②より,

$$\begin{cases} (\alpha-\beta)^2-2=\{(\alpha+\beta)^2-4\alpha\beta\}-2 \\ \qquad\qquad\quad =8p+2 \\ (\alpha+\beta)^2+2=4p^2+2 \end{cases}$$

を得る.

よって，与式は p を用いて，
$$\frac{1}{2}\cdot\frac{(\alpha-\beta)^2-2}{(\alpha+\beta)^2+2}=\frac{4p+1}{4p^2+2} \quad \cdots\cdots ③$$
とかける．

『③ が整数である』

$\iff$ 『$\dfrac{4p+1}{4p^2+2}=n$ ……④ (ただし n は整数)とかける』

$\iff$ 『$4np^2-4p+2n-1=0$ ……④′ (ただし n は整数)とかける』

(ここで，改めて p に目を向けると，④′ に関して "p が実数という条件"により，n のとり得る値は絞り込まれる．すなわち，) p が実数であることから，

『p の 2 次方程式 ④′ の判別式 $D \geqq 0$ ……⑤』または，

『p^2 の係数が 0，すなわち，$n=0$ ……⑥』

のどちらかが成り立つことが必要である．

⑤ $\iff$ $\dfrac{D}{4}=4-4n(2n-1)\geqq 0$

$\therefore\ 2n^2-n-1=(2n+1)(n-1)\leqq 0$

$\therefore\ -\dfrac{1}{2}\leqq n\leqq 1 \quad \cdots\cdots ⑤'$

さらに，

n が整数であることから，$n=0,\ 1 \quad \cdots\cdots ⑤''$

よって，⑤″，⑥ より，題意を満たすためには，④ において，$n=0$ または 1 であることが必要である．

(次に，$n=0,\ 1$ をそれぞれ満たす実数 p が実際に存在するかどうか調べる．)

$n=0$ とすると，これを ④ に代入して，$4p+1=0$

$\therefore\ p=-\dfrac{1}{4}$

$n=1$ とすると，④ より，$\dfrac{4p+1}{4p^2+2}=1$

$\therefore\ (2p-1)^2=0 \quad \therefore\ p=\dfrac{1}{2}$

以上より，題意を満たす p は，

$$p=-\frac{1}{4},\ \frac{1}{2} \quad \cdots\cdots (答)$$

§2　2次以上の計算を回避せよ

　高次（2次以上の）式を扱う問題は，何の工夫もせずに高次式のまま扱おうとすると計算量が膨大になる．例えば，高次式に関する計算でよく出てくるのは，高次式に $x=\alpha$ を代入したときの値を求める計算である．この計算を最小限にとどめるための方法を解説しよう．

　その1つは，高次式 $f(x)$ を $g(\alpha)=0$ を満たす2次式 $g(x)$ で割り，$f(x)=g(x)h(x)+mx+n$ の形にし，$f(\alpha)=m\alpha+n$ の計算に帰着させる方法である．とくに，3次関数 $f(x)$ の極値 $f(\alpha)$，$f(\beta)$ を求めるときは（α，β はそれぞれ $f'(\alpha)=0$，$f'(\beta)=0$ を満たす値とする），$f(x)$ に直接 $x=\alpha$，β を代入するよりも，$f'(\alpha)=0$，$f'(\beta)=0$ を利用して，

$$f(\alpha)=f'(\alpha)h(\alpha)+m\alpha+n \quad (3次式)$$
$$\qquad\quad =m\alpha+n \qquad\qquad\qquad (1次式)$$

（同様にして，$f(\beta)=m\beta+n$）として計算したほうが計算量を減らせる．

　他にも，各問題がもつ固有の性質を利用することで，高次式の計算を回避する手法はいろいろある．2次以上の計算に出会ったら，いきなり計算しはじめるのではなく，個々の問題に応じてそれを回避する工夫をまず試みよ．

［例題　1・2・1］

　$\alpha=3-2\sqrt{2}$ のとき，
$$\alpha^5-4\alpha^4-7\alpha^3-21\alpha^2-\alpha+2$$
の値を求めよ．

方　針　1　〈そのまま計算する，計算が大変な解法〉

　$\alpha=3-2\sqrt{2}$ を直接代入する．

$\quad(3-2\sqrt{2})^5-4(3-2\sqrt{2})^4-7(3-2\sqrt{2})^3-21(3-2\sqrt{2})^2-(3-2\sqrt{2})+2$
$=3^5-5\cdot3^4\cdot2\sqrt{2}+10\cdot3^3\cdot(2\sqrt{2})^2-10\cdot3^2(2\sqrt{2})^3+5\cdot3\cdot(2\sqrt{2})^4-(2\sqrt{2})^5$
$\quad-4\{3^4-4\cdot3^3\cdot2\sqrt{2}+6\cdot3^2\cdot(2\sqrt{2})^2-4\cdot3\cdot(2\sqrt{2})^3+(2\sqrt{2})^4\}$
$\quad-7\{3^3-3\cdot3^2\cdot2\sqrt{2}+3\cdot3\cdot(2\sqrt{2})^2-(2\sqrt{2})^3\}$
$\quad-21(9-12\sqrt{2}+8)-3+2\sqrt{2}+2$
$=243-810\sqrt{2}+2160-1440\sqrt{2}+960-128\sqrt{2}$
$\quad-4(81-216\sqrt{2}+432-192\sqrt{2}+64)$
$\quad-7(27-54\sqrt{2}+72-16\sqrt{2})$
$\quad-21(17-12\sqrt{2})+2\sqrt{2}-1$

$$= 3363 - 2378\sqrt{2} - 2308 + 1632\sqrt{2} - 693 + 490\sqrt{2} - 357 + 252\sqrt{2} + 2\sqrt{2} - 1$$
$$= \mathbf{4 - 2\sqrt{2}} \quad \cdots\cdots \text{(答)}$$

上述の計算を限られた時間内に正確に行うことができる自信があるだろうか？　この方針はよくない．

方針 2 〈序文の方法に従った解法〉

条件式を次のように変形すると a の 2 次方程式を得る．
$$a = 3 - 2\sqrt{2}$$
$$a - 3 = -2\sqrt{2}$$
$$(a-3)^2 = (-2\sqrt{2})^2$$
$$a^2 - 6a + 1 = 0 \quad \cdots\cdots ①$$

与えられた 5 次式を，この 2 次式 ① で割った余り（a の 1 次式）に $a = 3 - 2\sqrt{2}$ を代入する．

解答 $a = 3 - 2\sqrt{2} \iff a^2 - 6a + 1 = 0 \quad \cdots\cdots ①$

$f(x) = x^5 - 4x^4 - 7x^3 - 21x^2 - x + 2$ とおく．$f(x)$ を $x^2 - 6x + 1$ で割ると，
$$f(x) = (x^2 - 6x + 1)(x^3 + 2x^2 + 4x + 1) + x + 1$$

よって，① より
$$f(a) = 0 \cdot (a^3 + 2a^2 + 4a + 1) + a + 1$$
$$= (3 - 2\sqrt{2}) + 1 = \mathbf{4 - 2\sqrt{2}} \quad \cdots\cdots \text{(答)}$$

〈練習 1・2・1〉

2 次式 $ax^2 + bx + 1$ を $x - a$ で割ると a 余り，$x - b$ で割ると b 余るという．a, b を求めよ．ただし，a, b は相異なる整数とする．

方針 1 〈計算が大変な解答〉
$$f(x) = ax^2 + bx + 1$$
とおく．剰余の定理を用いると，仮定より，
$$f(a) = a^3 + ab + 1 = a \quad \cdots\cdots ①$$
$$f(b) = ab^2 + b^2 + 1 = b \quad \cdots\cdots ②$$

① かつ ② を満たす整数 a, b を求めればよい．

① より $a \neq 0$ なので，$b = \dfrac{1}{a}(a - a^3 - 1) \quad \cdots\cdots ③$

② に代入して
$$a \cdot \dfrac{1}{a^2}(a - a^3 - 1)^2 + \dfrac{1}{a^2}(a - a^3 - 1)^2 + 1 = \dfrac{1}{a}(a - a^3 - 1)$$
$$\iff \left(\dfrac{1}{a} + \dfrac{1}{a^2}\right)(a^2 + a^6 + 1 - 2a^4 - 2a + 2a^3) + 1 = \dfrac{1}{a}(a - a^3 - 1)$$

$\iff (a+1)(a^2+a^6+1-2a^4-2a+2a^3)+a^2$
$\quad =a(a-a^3-1)$
$\iff (a+1)(a^2+a^6+1-2a^4-2a+2a^3)=a(a-a^3-1-a)$
$\iff (a+1)(a^2+a^6+1-2a^4-2a+2a^3)=-a(a+1)(a^2-a+1)$
$\iff (a+1)(a^6-2a^4+3a^3-a+1)=0$
$\therefore \quad a=-1$ または $a^6-2a^4+3a^3-a+1=0$

ここで,$g(a)=a^6-2a^4+3a^3-a+1$ とおくと
$$g(-2)=11,\ g(-1)=-2,\ g(0)=1,\ g(1)=2$$
また,$a\geqq 2$ に対しては,$a^6-2a^4>0$,$3a^3-a>0$ より $g(a)>0$.
$a\leqq -3$ に対しては,$a^6-2a^4+3a^3>a^6-2a^4-3a^4=a^6-5a^4>0$.
$-a>0$ より $g(a)>0$ となる.

よって,$g(a)$ は任意の整数 a に対し 0 にならないことがわかる.
ゆえに,$a=-1$.これを③に代入し
$$b=-1(-1+1-1)=1$$
以上より,求める整数 $a,\ b$ の値は,
$$(a,\ b)=(\mathbf{-1,\ 1}) \quad \cdots\cdots \text{(答)}$$

方針 2

①かつ②を満たす整数 $a,\ b$ を求めるために,①-②$=f(a)-f(b)$ を計算して因数 $(a-b)$ をくくり出し,低い次元に帰着させる.

[解答] ①-② より
$$a(a^2-b^2)+b(a-b)=a-b$$
$a\neq b$ より両辺を $a-b$ で割ると
$\quad a(a+b)+b=1$
$\iff a^2+ab+b-1=0$
$\iff a^2-1+b(a+1)=0$
$\iff (a+1)(a+b-1)=0$
よって,$a=-1$ または $a+b-1=0$

(i) $a=-1$ のとき ①に代入して $b=1$
(ii) $a+b-1=0$ のとき $b=1-a$ を①に代入して
$\quad a^3+a(1-a)+1=a \iff a^3-a^2+1=0$
ここで,$h(a)=a^3-a^2+1$ とおくと
$\quad h'(a)=3a^2-2a=a(3a-2)$

これより,右の増減表を得る.また,$y=h(a)$ のグラフの概形は図1のようになる.ゆえに,$h(a)$ は任意の整数 a に対し 0 にならないことがわかる.以上より,$(a,\ b)=(\mathbf{-1,\ 1})$ ……(答)

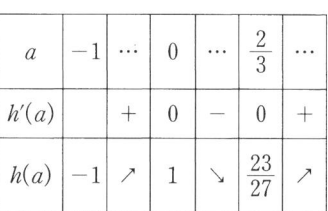

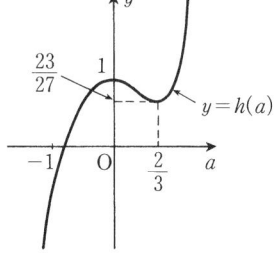

図1

16　第1章　次数の考慮

方針 3

a, b がともに整数であるという条件を利用する。

解答　①より, $b = 1 - a^2 - \dfrac{1}{a}$

a が整数であることから, b が整数であるためには, $a = \pm 1$ のどちらかでなければならない。

(i) $a = 1$ のとき：①に代入すると $b = -1$ なので $(a, b) = (1, -1)$
これは②を満たさない。よって $a = 1$ は不適。

(ii) $a = -1$ のとき：①へ代入して $b = 1$
$(a, b) = (-1, 1)$ は②も満たす。

以上より, $(a, b) = (\mathbf{-1, 1})$　……(答)

[コメント] 〈方針2〉の解法に従うと,
$$① - ② = f(a) - f(b) = a(a^2 - b^2) + b(a - b)$$
となって因数分解ができ, 考察の対象を低い次元に帰着できるので, 〈方針2〉の方が〈方針1〉よりは見通しがよい。しかし, 実際の計算量を比較すれば明らかなように, 整数条件をうまく利用した〈方針3〉による解法が一番, (計算量の観点から) 優れた解答である。

§3 接することを高次の因数で表せ

「x 軸と 3 点 A(1, 0), B(2, 0), C(3, 0) で交わり, y 軸と D(0, -12) で交わる 3 次関数を求めよ」という問題を解くとき, 次のような方針で解く人がいる:

〈計算量が多くなる方針〉

3 次関数を
$$f(x) = ax^3 + bx^2 + cx + d \quad (a \neq 0)$$
とおいて 4 点 A, B, C, D の各座標を逐一代入して係数 a, b, c, d を決定する.

この方針で解くより, 次のように因数に注目した解法のほうが, 計算量の見地からみて優れている:

$x = 1, 2, 3$ のとき $y = 0$ だから, 求める関数を $y = f(x)$ とすると, $f(x)$ は, $(x-1)$, $(x-2)$, $(x-3)$ のそれぞれを因数にもつ. したがって,
$$f(x) = a(x-1)(x-2)(x-3) \quad (a \neq 0)$$

さらに, 点 D の座標を代入することにより, $a = 2$

よって, 求める関数は, $f(x) = 2(x-1)(x-2)(x-3)$ ……(答)

関数 $f(x)$ のもつ因数について考察する手法は,

「$f(x)$ が $x = \alpha$ で極値 a をとる……」

というような条件のある問題を解く際, とくに威力を発揮する. なぜなら, その条件は, 曲線 $y = f(x)$ が $x = \alpha$ において, 直線 $y = a$ に接することだから(図 1),
$$f(x) - a = (x - \alpha)^2 g(x)$$
という具合に, $f(x)$ が $(x - \alpha)^2$ という因数をもつ条件として表せるからである.

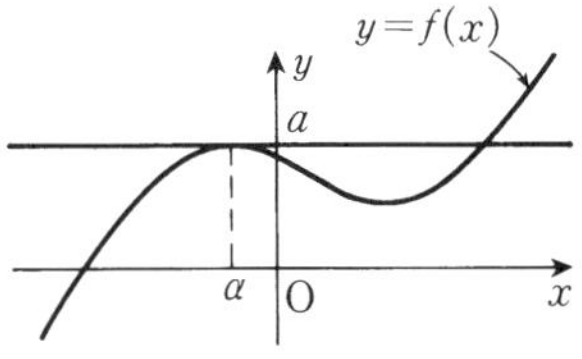

図 1

一般に, 2 曲線が接する条件については, 次の事実が重要である.

定理 $f(x)$, $g(x)$ を多項式とする.

2 曲線 $y = f(x)$, $y = g(x)$ が $x = \alpha$ で接するための条件は,

$f(x) - g(x)$ が $(x - \alpha)^2$ を因数にもつ(割り切れる)ことである.

[例題 1・3・1]

3次関数 $f(x)=x^3+ax^2+bx+1$ (a, b は実数) は, $x=\alpha$ で極大値 33 をとり, $x=\beta$ ($\beta \neq 0$) で極小値 1 をとるとする. このとき, a, b, α, β の値を求めよ.

方針 1 〈因数による考察をしない計算が大変な方針〉

題意より $f'(x)=0$ の 2 解が α, β である.
$f'(x)=3x^2+2ax+b$ より, 解と係数の関係を用いて,

$$\alpha+\beta=-\frac{2}{3}a \quad \cdots\cdots ① \qquad \alpha\beta=\frac{b}{3} \quad \cdots\cdots ②$$

$f(x)$ を $f'(x)$ で割って,

$$f(x)=\frac{1}{3}f'(x)\left(x+\frac{a}{3}\right)+\frac{2}{9}(3b-a^2)x+\left(1+\frac{ab}{9}\right)$$

とする. 題意より $f'(\alpha)=f'(\beta)=0$ だから,

$$\begin{cases} f(\alpha)=\dfrac{2}{9}(3b-a^2)\alpha+1-\dfrac{ab}{9}=33 & \cdots\cdots ③ \\ f(\beta)=\dfrac{2}{9}(3b-a^2)\beta+1-\dfrac{ab}{9}=1 & \cdots\cdots ④ \end{cases}$$

を得る. その後, α, β, a, b の 4 つの未知数を含む高次の連立方程式①〜④を解くことになり, 計算が大変になる！

方針 2

題意より, 図 2 を得る. 曲線 $y=f(x)$ は, $x=\beta$ で, 直線 $y=1$ に接することから,

$$f(x)-1=(x-\beta)^2 x$$

の形で表せる. このことを利用する.

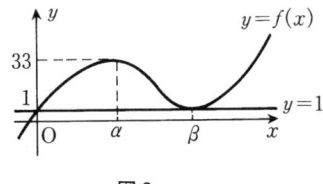

図 2

[解答] $f(x)-1=x^3+ax^2+bx=x(x^2+ax+b)$ ……①

よって, $f(x)-1$ は x を因数にもつ.
また, 〈方針 2〉より, $f(x)-1$ は, $(x-\beta)^2$ という因数をもつから,

$$f(x)-1=x(x-\beta)^2 \quad \cdots\cdots ②$$

とかける. ②の両辺を x で微分すると,

$$f'(x)=3x^2-4\beta x+\beta^2$$
$$=(x-\beta)(3x-\beta)$$

$x=\alpha$ で $f(x)$ は極大になるから, $f'(\alpha)=0$ である.
よって, $f'(\alpha)=(\alpha-\beta)(3\alpha-\beta)=0$ が成り立つ.
ここで, $\alpha \neq \beta$ であることを考慮すると, $3\alpha=\beta$ であることがわかる.

題意より $f(\alpha)=33$ であるから，②に $\beta=3\alpha$ を代入して，
$$f(\alpha)=\alpha(\alpha-3\alpha)^2+1=4\alpha^3+1=33$$
したがって，$\alpha=2$，$\beta=3\alpha=6$ ……(答)
①に，$x=\alpha\,(=2)$，$x=\beta\,(=6)$ を代入し，
$$f(\alpha)=8+4a+2b+1=33 \quad \cdots\cdots ③$$
$$f(\beta)=6^3+6^2a+6b+1=1 \quad \cdots\cdots ④$$
③，④より，$a=-12$，$b=36$ ……(答)

〈練習 1・3・1〉

2つの放物線
$$y=x^2+ax+b$$
$$y=x^2+px+q \quad (a\neq p)$$
の交点の x 座標を α とし，この両方の放物線に接する直線の 2 接点の x 座標を β，γ とする．
α，β，γ の間にどんな関係があるか．

方 針 1 〈計算が大変な方針〉

まず，放物線
$$y=x^2+ax+b$$
の $x=\beta$ における接線を求める．
続いて，その接線が放物線
$$y=x^2+px+q$$
に接する条件を「2 次方程式の重根条件」に帰着して求める．

方 針 2

$$y=f(x)=x^2+ax+b$$
$$y=g(x)=x^2+px+q$$
とおく，また，両方の放物線に接する接線の方程式を $y=l(x)$ とおくと，$f(x)-l(x)$ は，$(x-\beta)^2$ を因数にもち，$g(x)-l(x)$ は，$(x-\gamma)^2$ を因数にもつことがわかる．

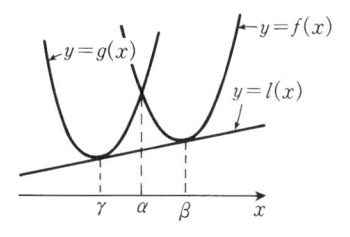

解 答
$$y=f(x)=x^2+ax+b$$
$$y=g(x)=x^2+px+q$$
とおく，また，共通接線を $y=l(x)$ とおく．

$y=l(x)$ は $y=f(x)$, $y=g(x)$ とそれぞれ $x=\beta, \gamma$ で接するので

$$\left.\begin{array}{l} f(x)-l(x)=(x-\beta)^2 \\ g(x)-l(x)=(x-\gamma)^2 \end{array}\right\} \quad \cdots\cdots ①$$

また，2曲線 $y=f(x)$, $y=g(x)$ は $x=\alpha$ で交わることから

$$f(\alpha)=g(\alpha) \quad \cdots\cdots ②$$

① に $x=\alpha$ を代入して辺々引き算すると，② より

$$f(\alpha)-g(\alpha)=(\alpha-\beta)^2-(\alpha-\gamma)^2$$
$$(\alpha-\beta)^2=(\alpha-\gamma)^2$$
$$\therefore \ (\beta-\gamma)(2\alpha-\gamma-\beta)=0$$

が成り立つ．

ここで，$\beta=\gamma$ とすると

$$f(x)\equiv g(x)$$

となり $a \neq p$ に反するので，$\beta \neq \gamma$ である．

よって，求める関係式は

$$\boldsymbol{2\alpha=\beta+\gamma} \quad \cdots\cdots (答)$$

〈練習 1・3・2〉

曲線 $y=x^4-4x^3+kx^2$ に異なる2点で接する直線が存在するのは係数 k がどんな範囲の値のときか求めよ．

[解答] $f(x)=x^4-4x^3+kx^2$ とおく．

曲線 $y=f(x)$ と直線 $y=g(x)$ が，$x=\alpha, \beta$ $(\alpha \neq \beta)$ で接する条件は，$f(x)-g(x)$ が $(x-\alpha)^2(x-\beta)^2$ で割り切れることである．$f(x)-g(x)$ の x^4 の項の係数は1だから，

$$f(x)-g(x)=(x-\alpha)^2(x-\beta)^2 \quad \cdots\cdots ①$$

と表せる．

$g(x)$ は1次以下の多項式だから，① の両辺の x^3, x^2 の係数を比較することにより，

$$-4=-2(\alpha+\beta), \ k=(\alpha+\beta)^2+2\alpha\beta$$

$$\therefore \ \alpha+\beta=2, \ \alpha\beta=\frac{k-4}{2}$$

を得る．よって，α, β は t の2次方程式

$$t^2-2t+\frac{k-4}{2}=0$$

の2解で，その判別式を考えることにより，

$$4-2(k-4)>0$$

$$\therefore \ \boldsymbol{k<6} \quad \cdots\cdots (答)$$

§4　積や商は対数をとれ

　積や商または指数の形で与えられている関数を微分したり，次数の高い漸化式を，そのまま扱うときは，次のようにするほうが一般に計算が楽になる：$a>0$，$b>0$ のとき対数をとって
$$\log ab = \log a + \log b, \quad \log a^c = c\log a$$
が成り立つことを利用し，積や商の形をした関数を和や差の形に直す．このようにすると次数の低い式や関数に帰着できる．

[例題 1・4・1]
　　数列 $\{a_n\}$ が $a_1=1$, $a_2=2$, $a_{n+2}=\sqrt{a_n \cdot a_{n+1}}$ $(n=1, 2\cdots)$ で与えられるとき，a_n を求めよ．

[方針] 1 〈計算が大変な解法〉

　$n=3, 4, 5, \cdots$ と次々に代入して，数列 $\{a_n\}$ の規則性をとらえ，一般項の形を推測して示す．

　すなわち
$$a_1=1, \ a_2=2, \ a_3=\sqrt{1\cdot 2}=\sqrt{2}=2^{\frac{1}{2}}, \ a_4=\sqrt{2\cdot 2^{\frac{1}{2}}}=2^{\frac{3}{4}}, \ a_5=\sqrt{2^{\frac{1}{2}}\cdot 2^{\frac{3}{4}}}=2^{\frac{5}{8}}$$
$$a_6=\sqrt{2^{\frac{3}{4}}\cdot 2^{\frac{5}{8}}}=2^{\frac{11}{16}}, \ a_7=\sqrt{2^{\frac{5}{8}}\cdot 2^{\frac{11}{16}}}=2^{\frac{21}{32}}, \cdots$$
指数部に注目して数列 $\dfrac{1}{2}, \dfrac{3}{4}, \dfrac{5}{8}, \dfrac{11}{16}, \dfrac{21}{32}, \cdots$ の一般項を求める問題に帰着させる．

[方針] 2

　対数をとり，積の形を回避する．

[解答]　$a_n>0$ $(n=1, 2, \cdots)$ だから，与えられた漸化式の対数（底を 10 とする）をとる．すると
$$\log_{10} a_{n+2} = \log_{10}\sqrt{a_n \cdot a_{n+1}} = \frac{1}{2}(\log_{10} a_n + \log_{10} a_{n+1})$$
ここで，$\log_{10} a_n = b_n$ とおくと
$$b_{n+2} = \frac{1}{2}(b_n + b_{n+1})$$
よって
$$b_{n+2} - b_{n+1} = -\frac{1}{2}(b_{n+1} - b_n)$$
また，$b_2 - b_1 = \log_{10} 2$ より，数列 $\{b_n\}$ の階差数列は，初項 $\log_{10} 2$, 公比 $-\dfrac{1}{2}$ の等比

数列である．$b_1 = \log_{10} a_1 = 0$ だから，$n \geq 2$ として
$$b_n = 0 + \left\{1 + \left(-\frac{1}{2}\right) + \left(-\frac{1}{2}\right)^2 + \cdots + \left(-\frac{1}{2}\right)^{n-2}\right\} \log_{10} 2$$
$$= \frac{2}{3}\left\{1 - \left(-\frac{1}{2}\right)^{n-1}\right\} \log_{10} 2$$
$$\log_{10} a_n = \log_{10} 2^{\frac{2}{3}\{1-(-\frac{1}{2})^{n-1}\}}$$
よって
$$a_n = 2^{\frac{2}{3}\{1-(-\frac{1}{2})^{n-1}\}} \quad (n \geq 2)$$
これは $n=1$ のときも満たす．
したがって
$$\boldsymbol{a_n = 2^{\frac{2}{3}\{1-(-\frac{1}{2})^{n-1}\}}} \; (\boldsymbol{n=1, 2, \cdots\cdots}) \quad \cdots\cdots \text{(答)}$$

──〈練習 1・4・1〉──

　各項が正数である数列 $\{a_n\}$ において，
$$a_1 = 1, \; a_2 = 10, \; a_n{}^2 a_{n-2} = a_{n-1}{}^3 \; (n=3, 4, \cdots\cdots) \; \text{のとき,}$$
a_n を n で表せ．

[解答] $a_n > 0 \; (n=3, 4, \cdots\cdots)$ だから，与えられた漸化式の対数（底を 10 とする）をとると，
$$2\log_{10} a_n + \log_{10} a_{n-2} = 3\log_{10} a_{n-1}$$
ここで，$b_n = \log_{10} a_n$ とおくと，
$$2b_n + b_{n-2} = 3b_{n-1} \quad \cdots\cdots ①$$
$$b_1 = \log_{10} a_1 = \log_{10} 1 = 0, \; b_2 = \log_{10} a_2 = \log_{10} 10 = 1 \quad \cdots\cdots ②$$
① は，次のように 2 通りに変形できる．
$$\begin{cases} b_n - b_{n-1} = \dfrac{1}{2}(b_{n-1} - b_{n-2}) \\ b_n - \dfrac{1}{2} b_{n-1} = b_{n-1} - \dfrac{1}{2} b_{n-2} \end{cases}$$
これらの式と ② より，
$$\begin{cases} b_n - b_{n-1} = \left(\dfrac{1}{2}\right)^{n-2}(b_2 - b_1) = \left(\dfrac{1}{2}\right)^{n-2} & \cdots\cdots ③ \\ b_n - \dfrac{1}{2} b_{n-1} = b_2 - \dfrac{1}{2} b_1 = 1 & \cdots\cdots ④ \end{cases}$$
④ $\times 2 - ③$ より，b_{n-1} を消去して，
$$b_n = 2 - \left(\frac{1}{2}\right)^{n-2}$$
よって，　$a_n = 10^{b_n} = \boldsymbol{10^{2-(\frac{1}{2})^{n-2}}} \quad \cdots\cdots \text{(答)}$

─〈練習 1・4・2〉─

次の関数を微分せよ．

(1) $f(x) = x^{1/x}$

(2) $g(x) = \dfrac{x(x^2+a^2)}{\sqrt{a^2-x^2}}$

[方針] 1 〈計算が大変になる方針〉

関数をそのまま微分する．

[方針] 2

対数をとってから微分する．

両者を比べると〈方針2〉のほうが計算がラクである．

[解答] (1) $\log f(x) = \dfrac{1}{x}\log x$

xについて微分すると，

$$\dfrac{f'(x)}{f(x)} = \left(-\dfrac{1}{x^2}\right)\log x + \dfrac{1}{x^2}$$

$$\therefore\ f'(x) = \dfrac{1}{x^2}(1-\log x)x^{1/x} \quad \cdots\cdots \text{(答)}$$

(2) $\log g(x) = \log x + \log(x^2+a^2) - \dfrac{1}{2}\log(a^2-x^2) \quad \cdots\cdots$ ①

xに関して①の両辺を微分すると，

$$\dfrac{g'(x)}{g(x)} = \dfrac{1}{x} + \dfrac{2x}{x^2+a^2} + \dfrac{x}{a^2-x^2}$$

$$= \dfrac{-2x^4+3a^2x^2+a^4}{x(x^2+a^2)(a-x^2)}$$

$$\therefore\ g'(x) = \dfrac{-2x^4+3a^2x^2+a^4}{(a^2-x^2)^{3/2}} \quad \cdots\cdots \text{(答)}$$

第2章　図の利用

§1　計算のみに頼らず，グラフを活用せよ

方程式 $h(x)=0$ が，$h(x)=f(x)-g(x)$ の形に分解できるとき，$h(x)=0$ の実数解は，2曲線 $y=f(x)$ と $y=g(x)$ の交点の x 座標と考えることができる．

それゆえ，関数 $h(x)$ の形が複雑なときは，うまく式を変形しグラフが容易にかける方程式に帰着させ，視覚的に実数解を求める工夫をするとよい．

[例題 2・1・1]

実数 x の方程式
$$ax+b=|\log_3 x| \quad \cdots\cdots(*)$$
に関して，$(*)$ が相異なる3つの実数解をもち，それらの比が $1:2:3$ であるという．定数 a, b の値を求めよ．

[方針]　1　〈計算が大変な方針〉

3つの実数解を α, 2α, 3α $(\alpha>0)$ とおいて，それぞれを $(*)$ に代入することによって得られる3つの方程式を連立し，腕力で計算することによって解答を求める．この方針で押していこうとすると，右辺の絶対値をはずす際に次の4つの場合に分けて考えなければならず，やっかいだ．

(i)　$0<\alpha\leqq\dfrac{1}{3}$ のとき

(ii)　$\dfrac{1}{3}<\alpha\leqq\dfrac{1}{2}$ のとき

(iii)　$\dfrac{1}{2}<\alpha\leqq 1$ のとき

(iv)　$1<\alpha$ のとき

[方針]　2

計算にだけに頼るのではなく，グラフを利用して，スマートに解決する．

[解答]　3つの実数解を α, 2α, $3\alpha(\alpha>0)$ とおくと，図1のグラフより，
$$0<\alpha<1<2\alpha$$
でなければならないことがわかる．

§1 計算のみに頼らず，グラフを活用せよ　25

図1

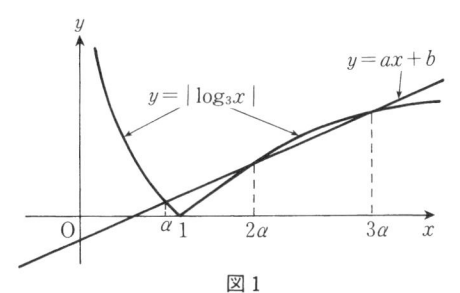

よって，次の3式を得る．
$$\begin{cases} a\alpha+b=-\log_3\alpha & \cdots\cdots ① \\ 2a\alpha+b=\log_3 2\alpha=\log_3\alpha+\log_3 2 & \cdots\cdots ② \\ 3a\alpha+b=\log_3 3\alpha=\log_3\alpha+\log_3 3 & \cdots\cdots ③ \end{cases}$$

③−② より，
$$a\alpha=\log_3\frac{3}{2} \quad\cdots\cdots ④$$

④ を ① と ② に代入すると，
$$\log_3\frac{3}{2}+b=-\log_3\alpha \quad\cdots\cdots ①'$$
$$2\log_3\frac{3}{2}+b=\log_3\alpha+\log_3 2 \quad\cdots\cdots ②'$$

①'+②' より，
$$3\log_3\frac{3}{2}+2b=\log_3 2$$
$$\therefore\ 2b=\log_3\frac{4^2}{3^3}$$

よって，　$\boldsymbol{b=\log_3\dfrac{4\sqrt{3}}{9}}$　……（答）

②'−①' より
$$\log_3\frac{3}{2}=2\log_3\alpha+\log_3 2$$
$$\therefore\ \alpha^2=\frac{3}{4}$$

よって，$\alpha>0$ より $\alpha=\dfrac{\sqrt{3}}{2}$

④ に代入して，
$$\boldsymbol{a=\dfrac{2\sqrt{3}}{3}\log_3\dfrac{3}{2}}\quad\cdots\cdots（答）$$

〈練習 2・1・1〉

$-1 \leq x \leq 1$ のとき，$k = 4x - 3\sqrt{1-x^2}$ の最大値・最小値を求めよ．

方針 1 〈計算が大変な方針〉

k を x の関数とみて，微分して増減を調べる．無理関数の微分を含むので，計算まちがいを犯しやすい．

方針 2

$$k = 4x - 3\sqrt{1-x^2} \iff \frac{1}{3}(4x-k) = \sqrt{1-x^2}$$

と変形する．左辺は直線を表し，右辺は円(半円)を表す．

解答 $k = 4x - 3\sqrt{1-x^2}$ より，

$$\sqrt{1-x^2} = \frac{4x-k}{3}$$

ゆえに，直線 $y = \dfrac{4x-k}{3}$ ……② が，

半円 $y = \sqrt{1-x^2}$ ……① と共有点をもつように，変化するときの，k の最大値・最小値を求めればよい．

最大値：直線②が点 $(1, 0)$ を通るときである．

$$\therefore \quad 0 = \frac{4 \cdot 1 - k}{3}$$

よって，$k = 4$

最小値：直線②が半円①に接するとき，すなわち，直線②と原点との距離が 1 のときである．

点と直線の距離公式を使うと

$$\frac{|4 \cdot 0 - 3 \cdot 0 - k|}{\sqrt{4^2 + 3^2}} = 1$$

$$|k| = 5$$

ここで直線は $y > 0$ で y 軸と交わるので $k < 0$ だから，

$$k = -5$$

よって，

$$\left. \begin{array}{l} \text{最大値} \quad 4 \quad (x = 1 \text{ のとき}) \\ \text{最小値} \quad -5 \quad \left(x = -\dfrac{4}{5} \text{ のとき}\right) \end{array} \right\} \quad \cdots\cdots \text{(答)}$$

〈練習　2・1・2〉
方程式 $|x|+|2x-3|=3$ の解を求めよ。

解答　$f(x)=|x|+|2x-3|$ とおく．このとき，求める解は，関数 $y=f(x)$ のグラフと直線 $y=3$ の交点の x 座標として与えられる．

(i) $x<0$ のとき：
$$f(x)=-x-(2x-3)=-3x+3$$

(ii) $0\leq x<\dfrac{3}{2}$ のとき：
$$f(x)=x-(2x-3)=-x+3$$

(iii) $\dfrac{3}{2}\leq x$ のとき：
$$f(x)=x+(2x-3)=3x-3$$

以上より，右図を得る．

したがって，右図より，$|x|+|2x-3|=3$ の解は，
$$x=0,\ 2 \quad \cdots\cdots \text{(答)}$$

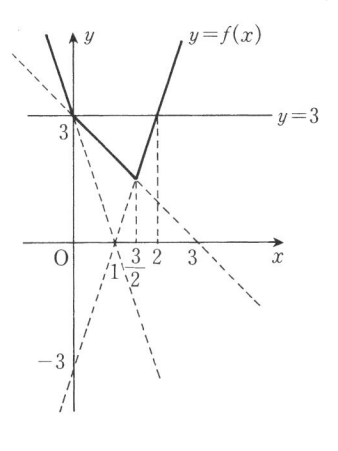

§2 傾きに帰着せよ

$\dfrac{f(x)}{x}$ の形をした関数の増減は，計算が面倒になる可能性の高い微分の計算をしなくても，曲線 $y=f(x)$ 上の点 $\mathrm{P}(t, f(t))$ と原点 O を結ぶ直線 l の傾きを追跡することにより調べることができる (図1)．

すなわち，直線 l の傾きの増減が，関数 $\dfrac{f(x)}{x}$ の増減と一致することを利用する．

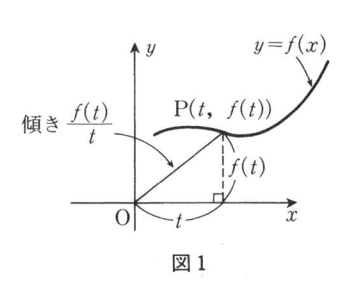

[例題 2・2・1]

$e \leqq x \leqq e^3$ の範囲で，$f(x) = \dfrac{1}{\log x}\sqrt{1-(\log x - 2)^2}$ の最大値を求めよ．ただし，対数の底は e とする．

方針 1

微分して，$f(x)$ の増減を調べる．計算の過程を示すので，この方針の見通しの悪さを各自確認せよ．

簡単のために，
$$\log x = t$$
とおく (この置き換えをすることなく微分を実行すると，もっと大変！)．

このとき，
$$1 \leqq t \leqq 3 \quad \cdots\cdots ①$$

与式は，
$$f(x) = \dfrac{1}{\log x}\sqrt{1-(\log x - 2)^2}$$
$$= \dfrac{1}{\log x}\sqrt{-(\log x)^2 + 4\log x - 3}$$

であるから，この関数を新たに，t の関数とみて，
$$g(t) = \dfrac{1}{t}\sqrt{-t^2 + 4t - 3}$$

とする．

①の範囲で，関数 $g(t)$ の増減を調べる．($g(t)$ を微分する際，$g(t)$ を分数関数とみなして計算するよりも，$\dfrac{1}{t}$ と $\sqrt{-t^2+4t-3}$ の積の関数とみなして次のように微分したほうが，やや，計算の手間を減らすことができる．)

§2 傾きに帰着せよ   29

$$g'(t) = -\frac{1}{t^2}\sqrt{-t^2+4t-3} + \frac{-2t+4}{2t\sqrt{-t^2+4t-3}}$$

$$= \frac{t^2-4t+3-t^2+2t}{t^2\sqrt{-t^2+4t-3}}$$

$$= \frac{-2t+3}{t^2\sqrt{-t^2+4t-3}}$$

よって，下記の増減表を得る．

t	1	⋯	$\frac{3}{2}$	⋯	3
$g'(t)$		$+$	0	$-$	
$g(t)$	0	↗	極大	↘	0

したがって，$t=\frac{3}{2}$ のとき，$g(t)$ は極大かつ最大となり，最大値は，

$$g\left(\frac{3}{2}\right) = \frac{2}{3}\sqrt{1-\left(\frac{3}{2}-2\right)^2}$$

$$= \frac{2}{3}\sqrt{1-\frac{1}{4}}$$

$$= \frac{2}{3}\cdot\frac{\sqrt{3}}{2} = \boldsymbol{\frac{\sqrt{3}}{3}} \quad \cdots\cdots\text{(答)}$$

方針 2

関数 $f(x)$ の形から，その増減を"傾きに帰着"させ，視覚的にとらえる．

解答 簡単のために，

$$\log x = t \quad (1 \leq t \leq 3)$$

とおく．このとき，

$$(\text{与式}) = \frac{1}{t}\sqrt{1-(t-2)^2}$$

ここで，

$$h(t) = \sqrt{1-(t-2)^2}$$

とおくと，

$$f(x) = \frac{h(t)}{t}$$

となる．（これは"直線の傾き"を利用できる形である．）

$y = h(t)$ とおくと，

$$y^2 = 1-(t-2)^2 \iff \begin{cases} (t-2)^2 + y^2 = 1 \\ y \geq 0 \end{cases} (\because \ y = h(t) = \sqrt{1-(t-2)^2} \geq 0)$$

$y = h(t)$ は，点 $(2, 0)$ を中心とする半径 1 の円の上半分（$y \geq 0$ の部分）を表す．

よって，関数 $f(x)$ は，半円 $y=h(t)$ 上の点 $(t, h(t))$ と原点 O を結ぶ直線の傾きを表す（図2）．

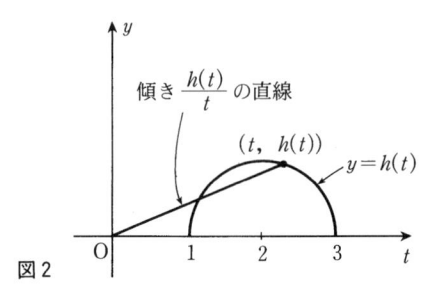

図2

傾きが最大になるのは，原点 O を通る直線が，半円 $y=h(t)$ に接するときである（図3）．

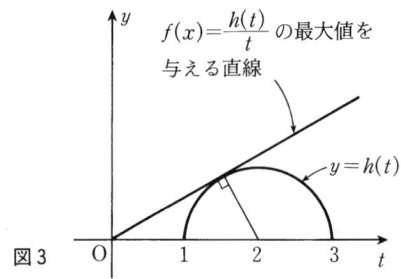

図3

原点 O を通る直線を $y=kt$ とおく．
この直線が，半円 $y=h(t)$ に接するのは，この直線と点 $(2, 0)$ の距離が 1 になるときである．よって，点と直線の距離の公式を用いて，

$1 = \dfrac{|k \cdot 2 - 0|}{\sqrt{k^2+1}}$

$\iff k^2+1 = 4k^2$

$\iff 3k^2 = 1$

$\iff k = \dfrac{1}{\sqrt{3}}$

（∵ グラフより $k>0$）

よって，$f(x)$ の最大値は，

$\dfrac{\sqrt{3}}{3}$ ……（答）

最大値を与える t の値は，図4より，

図4

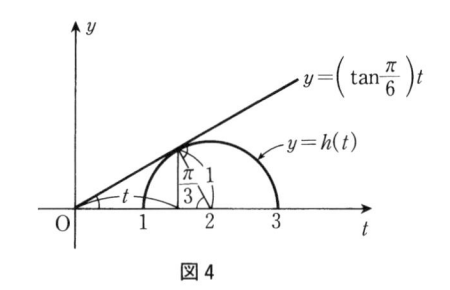

$$t = 2 - \cos\frac{\pi}{3} = \frac{3}{2}$$

よって，最大値を与える x の値は，

$$\log x = \frac{3}{2}$$
$$\therefore \quad x = e^{\frac{3}{2}}$$

----〈練習 2・2・1〉---------

$x > 0$ のとき $f(x) = \dfrac{x}{x^3+1} \log\left(x^2 + \dfrac{1}{x}\right)$ の最大値を求めよ．

[方針]

$f(x)$ を直接微分し増減を調べる方針は，計算まちがいを起こしやすいので，よくない．まず，関数の形に注目し変数を変換することを考えよ．

[解答] $t = x^2 + \dfrac{1}{x} = \dfrac{x^3+1}{x}$ とおくと，

$$f(x) = \frac{\log t}{t} \equiv g(t)$$

であり，t の変域は，$x > 0$ より相加・相乗平均の関係を用いて，

$$t = x^2 + \frac{1}{2x} + \frac{1}{2x}$$
$$\geq 3\sqrt[3]{x^2 \cdot \frac{1}{2x} \cdot \frac{1}{2x}} = 3\sqrt[3]{\frac{1}{4}} \quad (\fallingdotseq 1.9 < e \fallingdotseq 2.718)$$

である．等号は，

$$x = \sqrt[3]{\frac{1}{2}}$$

のとき成立する．

$g(t)$ は，$y = \log x$ 上の点 $(t, \log t)$ と原点 O を結ぶ直線 l の傾きを表す（図1）．

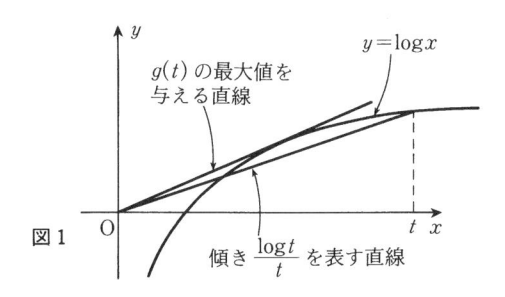

図1

また，図1より，$g(t)$ の最大値は直線 l が $y=\log x$ に接するとき与えられることがわかる．よって，そのときの傾きを求めればよい．

直線 l が $y=\log x$ に接するときの傾きを求める．$y=\log x$ の点 $(t,\ \log t)$ における接線の方程式は，
$$y-\log t = \frac{1}{t}(x-t)$$
である．この直線が原点 O $(0,\ 0)$ を通ることから，
$$0-\log t = \frac{1}{t}(0-t)$$
$$\therefore\quad t=e$$
よって，求める傾きは，$\dfrac{1}{e}$ である．

したがって，求める最大値は，
$$\frac{1}{e} \quad \cdots\cdots \text{(答)}$$

■〈練習 2・2・2〉

$1 < x \leq 2$ のとき，
$$f(x) = \frac{x}{x-1}\sin\left(1-\frac{1}{x}\right)\pi$$
の最小値を求めよ．

解答

$$\left(1-\frac{1}{x}\right)\pi = t$$

とおく．$1 < x \leq 2$ より，t の変域は，

$$0 < t \leq \frac{\pi}{2}$$

である．また，与式は，

$$f(x) = \frac{\sin t}{t}\pi$$

となる．

$$h(x) = \frac{\sin t}{t}$$

とおくと，$h(x)$ は，曲線 $y = \sin x\left(0 < x \leq \frac{\pi}{2}\right)$ 上の点 $(t, \sin t)$ と原点 O を結ぶ直線の傾きを表す（図1）．

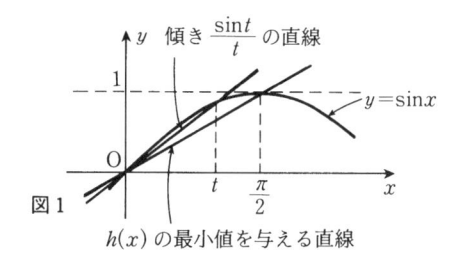

図1

傾きが最小になるのは，原点 O を通る直線が点 $\left(\frac{\pi}{2}, 1\right)$ を通るときである．
よって，関数 $h(x)$ の最小値は，

$$h(x)_{\min} = \frac{1}{\frac{\pi}{2}} = \frac{2}{\pi}$$

である．したがって，$f(x)$ の最小値は，

$$f(x)_{\min} = \pi \cdot \frac{2}{\pi} = 2 \quad \cdots\cdots \text{(答)}$$

〈練習 2・2・3〉

$0 \leqq x \leqq \dfrac{\pi}{2}$ のとき，

$$\dfrac{\cos x + 3\sin x + 14}{\cos x + 2}$$

の最大値と最小値を求めよ．

解答

$$\dfrac{\cos x + 3\sin x + 14}{\cos x + 2}$$
$$= 1 + 3 \cdot \dfrac{\sin x + 4}{\cos x + 2}$$
$$= 1 + 3g(x) \quad (\ast)$$

$g(x)$ は，単位円 $\left(0 \leqq x \leqq \dfrac{\pi}{2}\right)$ 上の点 $(\cos x, \sin x)$ と，点 $(-2, -4)$ を結ぶ直線の傾きを表す（右図）．

したがって，$g(x)$ の最大値と最小値は，

最大値：$\dfrac{5}{2}\ \left(x = \dfrac{\pi}{2}\right)$

最小値：$\dfrac{4}{3}\ (x = 0)$

となる．よって，求める関数の値は，$(\ast)$ より，

最大値：$\dfrac{17}{2}$
最小値：5 ……（答）

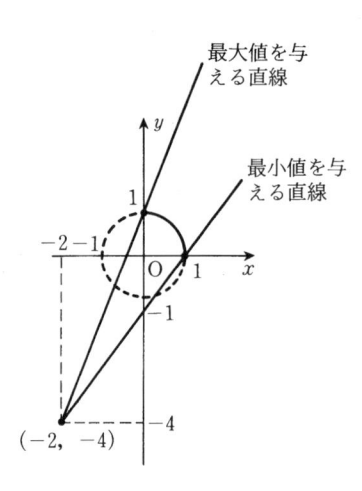

第3章 対称性の利用

§1 基本対称式の利用

x と y の整式 $f(x, y)$ …… ① において，x と y を入れかえても ① と同じ式を表すとき，$f(x, y)$ は **対称式** であるという．

入試問題には対称式に関連する問題がしばしば登場する．対称式には，『n 個の文字に関する対称式 $f(x_1, x_2, \cdots\cdots, x_n)$ は必ず，n 個の文字の基本対称式の整式で表すことができる』という性質がある．例えば，2 文字の場合は 2 文字の基本対称式 $x+y$, xy の整式で表せ，3 文字の場合は 3 文字の基本対称式 $x+y+z$, $xy+yz+zx$, xyz の整式で表現することができる．とくに 2 文字 x, y からなる対称式に関する問題は頻出であるが，$u=x+y$, $v=xy$ と置きかえると，複雑な x, y の式を簡単な u, v の式に帰着させることができる．

対称式を基本対称式に置きかえて議論することはきわめて有効な場合が多いのである．

[例題 3・1・1]

実数 x, y が $x^2+xy+y^2=3$ …… ① を満たすとき，
$$z=(x+5)(y+5) \quad \cdots\cdots ②$$
の最小値を求めよ．

方針 1 〈条件式を使って，1 変数関数に帰着させる計算が大変な解法〉

①，② より，x, y のどちらか一方を消去し，1 変数関数として処理する．この方針では，後の計算を考えると，ルートや分数が現れるので，絶望的である．

方針 2 〈図形に帰着させて解く解法〉

① を満たすときの z の最小値を求めるということは，①，② をともに満たす実数 x, y が存在するような z の最小値を求めることにほかならない．そして，そのような z の範囲は，2 曲線の交点として与えられることから，視覚的にとらえることができる．

つまり，

「①，② が xy 平面上で交点をもつときの z の最小値を求める」ことになる．

よって，①，② を図示することから始まる．① を $\dfrac{\pi}{4}$ 回転させる．すなわち，

$$\begin{pmatrix} X \\ Y \end{pmatrix} = \begin{pmatrix} \cos\dfrac{\pi}{4} & -\sin\dfrac{\pi}{4} \\ \sin\dfrac{\pi}{4} & \cos\dfrac{\pi}{4} \end{pmatrix} \begin{pmatrix} x \\ y \end{pmatrix}$$

$$\iff \begin{cases} x = \dfrac{1}{\sqrt{2}}X + \dfrac{1}{\sqrt{2}}Y \\ y = -\dfrac{1}{\sqrt{2}}X + \dfrac{1}{\sqrt{2}}Y \end{cases}$$

図1

これらを①に代入することによって，①を$\dfrac{\pi}{4}$回転させた図形の方程式：

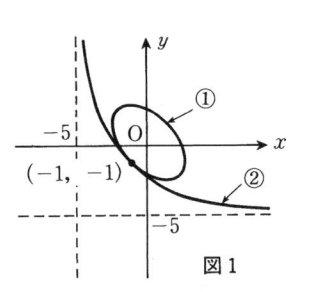

$$\dfrac{X^2}{6} + \dfrac{Y^2}{2} = 1 \quad \cdots\cdots ①'$$

を得る．また②は，$x=-5$, $y=-5$ を漸近線とする双曲線であることから，図1を得る．

しかし，この後の処理をするのも相当な腕力を要し，結論からいってしまうと，次の〈方針3〉による解法が最良である．

方針 3 〈基本対称式の性質に基づいた解答〉

方程式①，②を基本対称式

$$\begin{cases} x+y = u \\ xy = v \end{cases}$$

で置きかえて議論する．

解答

$$\begin{cases} x+y = u & \cdots\cdots ③ \\ xy = v & \cdots\cdots ④ \end{cases}$$

とおくと，与式より，

$$x^2 + xy + y^2 = (x+y)^2 - xy = u^2 - v = 3$$
$$\therefore \quad v = u^2 - 3 \quad \cdots\cdots ⑤$$

③，④，⑤より，x, y は，2次方程式

$$t^2 - ut + (u^2 - 3) = 0 \quad \cdots\cdots ⑥$$

の2解となり，この方程式が実数解をもつことから，判別式 D を考えて，

$$D = u^2 - 4(u^2 - 3) = -3(u^2 - 4) \geqq 0$$
$$\therefore \quad -2 \leqq u \leqq 2 \quad \cdots\cdots ⑦$$

これが，u の変域となる．また，③，④，⑤より，

$$z = (x+5)(y+5)$$
$$= xy + 5(x+y) + 25$$
$$= u^2 - 3 + 5u + 25$$

$$= \left(u+\frac{5}{2}\right)^2 + \frac{63}{4} \quad \cdots\cdots ⑧$$

⑦の変域で，⑧の最小値を考えると，$u=-2$ のとき，最小値 16 をとる(図 2 参照)．

よって，$z=(x+5)(y+5)$ の最小値は **16** ……(答)

[コメント] 上の解で "t の 2 次方程式 ⑥ が実数解をもつことから u の範囲 ⑦ を求める"ことなく，⑧ の式のみにより z の最小値を "$u=-\dfrac{5}{2}$ のとき $\dfrac{63}{4}$ である" としてはいけない．実際に $u=-\dfrac{5}{2}$ のとき

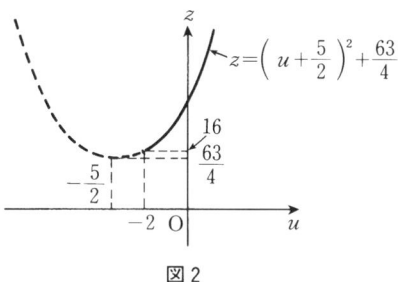

$$(x, y) = \left(\frac{-5\pm 3\sqrt{3}i}{4}, \frac{-5\mp 3\sqrt{3}i}{4}\right) \quad \text{(複号同順)}$$

図 2

となり，x, y は実数ではない．

一般に，$x+y=u, xy=v$ とおいたとき

　　　"x, y が実数" $\Longrightarrow$ "u, v が実数"

はいえるが逆はいえない．x, y が実数であるためには，t の 2 次方程式

$$\begin{aligned}
&(t-x)(t-y)=t \\
\Longleftrightarrow\ &t^2-(x+y)t+xy=0 \\
\Longleftrightarrow\ &t^2-ut+v=0 \quad \cdots\cdots(*)
\end{aligned}$$

が実数解をもつことが必要十分である．ゆえに上述のような置きかえをするときは，$(*)$ の判別式 $D\geqq 0$ より "$D=u^2-4v\geqq 0$" という条件を付加することを忘れないように注意せよ．

―〈練習 3・1・1〉―

□ にあてはまる適当な数または式を求めよ．
実数 x, y, z が
$$x+y+z=5$$
$$xy+yz+zx=8$$
を満たして変化するとき，x の最大値，最小値を求めたい．
まず，$y+z$, yz を x の式で表すと
$$y+z=\boxed{\text{ア}}, \quad yz=\boxed{\text{イ}}$$
だから，y, z は t の 2 次方程式 $\boxed{\text{ウ}}$ の 2 解である．
これより，
$$x \text{ の最大値は } \boxed{\text{エ}}$$
$$x \text{ の最小値は } \boxed{\text{オ}}$$
である．

[解答]

$$x+y+z=5 \quad \cdots\cdots ①$$
$$xy+yz+zx=8 \quad \cdots\cdots ②$$

① より　$y+z=\boldsymbol{5-x}$　……①′　アの答

①′, ② より　$x(y+z)+yz=8$
$$\iff yz=8-x(5-x)$$
$$=\boldsymbol{x^2-5x+8} \quad \cdots\cdots ③ \quad \text{イの答}$$

①′, ③ より，y, z は t の 2 次方程式
$$\boldsymbol{t^2-(5-x)t+x^2-5x+8=0} \quad \cdots\cdots ④ \quad \text{ウの答}$$

の 2 解だから，x を実数として，

「y, z が実数」
$\iff$ 「④ が実数解をもつ」
$\iff$ 判別式 $(5-x)^2-4(x^2-5x+8) \geqq 0$
$\iff$ $3x^2-10x+7 \leqq 0$
$\iff$ $(x-1)(3x-7) \leqq 0$
$\iff$ $1 \leqq x \leqq \dfrac{7}{3}$

したがって，x の

最大値　$\dfrac{7}{3}$　$\left(y=z=\dfrac{4}{3} \text{ のとき}\right)$　……エの答

最小値　1　$(y=z=2 \text{ のとき})$　……オの答

§2 対称図形は基本パターンに絞れ

ある図形の面積を求めるとき，その図形が y 軸に関して対称ならば，$x \geq 0$ の部分の面積を求め，それを2倍すればよい．このように図形に対称性があるときは，図形全体を考察せず，対称軸によってその図形をいくつかの基本パターンに分割し，その基本パターンだけに焦点を絞って考えると手間が省ける．

[例題 3・2・1]

1辺の長さ1の正方形 ABCD において，辺 AB，BC，CD，DA の中点をそれぞれ H，G，F，E として，図のように，この正方形に8本の線分を描き入れたとき，それらのすべての線分で囲まれた部分 (右図の斜線部) の面積を求めよ．

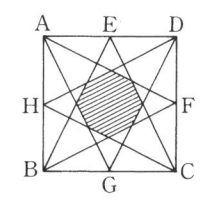

方針 1

座標軸を図1のように導入して，$g\left(\dfrac{1}{4},\ 0\right)$，$h$ の座標を直線 $y = x$ と直線 $y = -\dfrac{1}{2}x + \dfrac{1}{4}$ との交点として求めて，$\triangle Ogh$ の面積を計算しても答えを得る．しかし，〈方針2〉の方がより簡潔かつエレガントである．

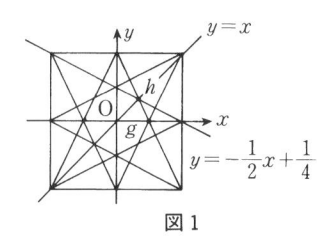

図1

方針 2

この図形 (これは正八角形ではない !!) を見たら，線分 EG，HF，AC，BD に関してこの図形は，対称となっていることに気づかなければならない．まず，それらの線分を引いて，図形を分割してみよう．すると，求めるべき図形は，図2における黒い部分8つからなっていることがわかる．そこで，この三角形について調べよう，ということになる．

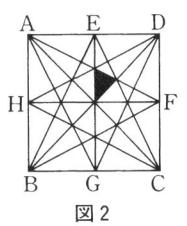

図2

[解答] 与えられた図形は，正方形の中心 O のまわりの対角線 AC と BD，および，中線 EG と HF に関して対称である (図2参照)．

よって，八角形 $abcdefgh$ は，8つの合同な三角形 ($\triangle Ohg$，$\triangle Oha$，$\triangle Oab$ …) からなっているので，

(求める面積) $= 8 \times (\triangle Ohg$ の面積$)$

として求まる (八角形 $abcdefgh$ は正八角形ではないことに注意せよ)．

では、△Ohg の面積を求めよう（注，別に他の 7 つの三角形のどれでもよい）。

図 4 を見ると，

$$ED = GC = \frac{1}{2}$$

計算するまでもないが，

$$\triangle ECG = \frac{1}{2} \cdot 1 \cdot \frac{1}{2} = \frac{1}{4}$$

である。また、△EgO∽△ECG は相似比が 1:2（∵ EO:EG=1:2）なので、面積比は 1:4 であり，

$$\triangle EgO = \frac{1}{4} \cdot \frac{1}{4} = \frac{1}{16}$$

である。また、△Ogh∽△DEh も相似比が 1:2（∵ Og:DE=1:2）であるから，

$$Eh : hg = 2 : 1$$

である（図 5）。よって，

$$\triangle Ohg = \frac{1}{3} \cdot \triangle EgO = \frac{1}{3} \cdot \frac{1}{16}$$

したがって，

$$（求める面積）= 8 \cdot \triangle Ohg = 8 \cdot \frac{1}{3} \cdot \frac{1}{16}$$

$$= \frac{1}{6} \quad \cdots\cdots（答）$$

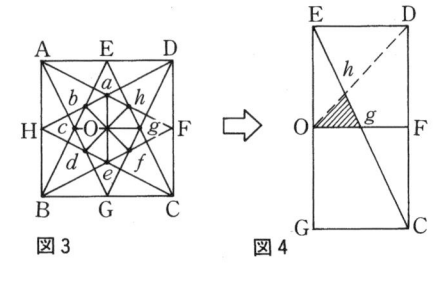

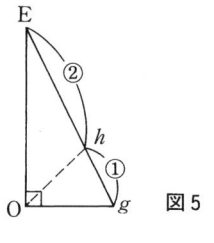

図 3　図 4　図 5

---〈練習 3・2・1〉---

　正方形 ABCD の内側に，正三角形 ABK, BCL, CDM, DAN を描く．4 つの線分 KL, LM, MN, NK の中点と，8 つの線分 AK, BK, BL, CL, CM, DM, DN, AN の中点の合計 12 個の点は，正十二角形の頂点を形成することを示せ．

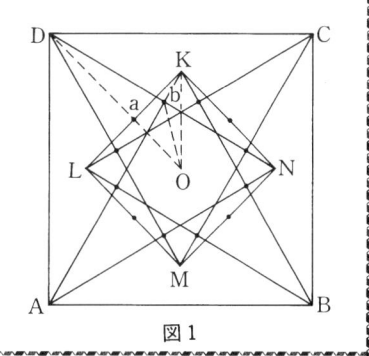

図1

解答 図1に黒点で12個の頂点が示してある．そのうちの2つに a, b というラベルがついている．

　図の **対称性** を用いれば，『$\angle bOK=15°$，$\angle aOb=30°$，かつ $|aO|=|bO|$ である』ことを示せば題意は示せたことになる．

　AN は BK の垂直二等分線であることに注意すれば，
$$|KN|=|NB|$$
を得る．**対称性** より，△MBN は正三角形（1辺の長さを s とする）であり，かつ，$\angle CBN=15°$ である．

　さて，ここで △DBN について考えよう．Ob は DB の中点と DN の中点を結ぶので，Ob∥BN，Ob の長さは BN の長さの半分である．
$$\therefore \quad |Ob|=s/2, \text{ かつ，} \angle bOK=15°$$

これより容易に
$$\angle aOb = \angle DOK - \angle bOK$$
$$= 45°-15°=30°$$
かつ，
$$|Oa|=|KN|/2=s/2$$

以上より，『$\angle bOK=15°$，$\angle aOb=30°$ かつ $|aO|=|bO|$』が示された．

§3 折れ線は折り返せ（フェルマーの原理）

2点を結ぶ最短ルートは線分である．これを **フェルマーの原理** という．この事実を利用するために，折れ線をある直線に関して折り返してみると考え易くなることが多い．その典型的な例を以下に示そう．

[芝刈りじいさん問題]

むかしむかし，あるところにおじいさんとおばあさんが住んでいた．おじいさんは山へ芝刈りに行った．おばあさんは，もう少ししたら家を出て，川で洗濯をし，そのあとおじいさんに弁当を届けることになっている．

空から見たときの位置関係は右図のようになっている．さて，おばあさんは川のどの地点で洗濯すれば歩く距離最短でおじいさんのいるところに行けるか？右図に洗濯する地点を作図せよ．

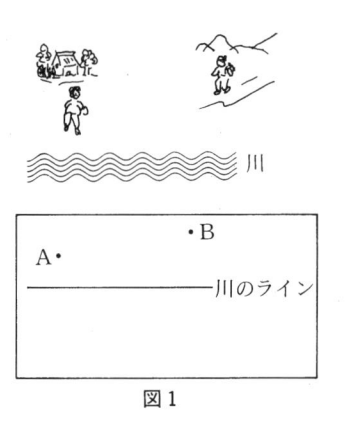

[芝刈りじいさん問題解答]

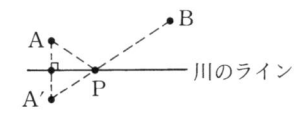

図のように，点 A の川のラインに対する対称点をとり，その点を A′ とすると，川のライン上の任意の点 Q に対して，AQ+BQ=A′Q+BQ が成り立つ．このとき，右辺は，3点 A′, Q, B が一直線上にある（すなわち，点 Q が図の点 P の位置）ときに最小値をとるから，求める地点は図の点 P である．

§3 折れ線は折り返せ（フェルマーの原理） 43

[例題 3・3・1]

角 $35°$ をなす 2 つの半直線 OX, OY 上にそれぞれ OA=2, OB=$\sqrt{2}$ である点 A, B をとる．OX, OY の定める平面内で，動く距離が最短となるように，点 P が A を出発して半直線 OY 上の点に至り，次に半直線 OX 上の点を経て B に到達する．その距離を求めよ．

図1　最短経路？

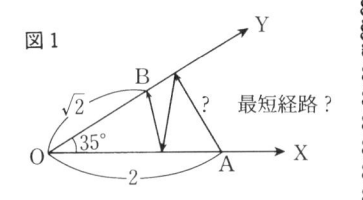

（同志社大）

方針 1 〈計算が大変な方針〉

座標を導入して，距離を関数で表してその最小値を求める．

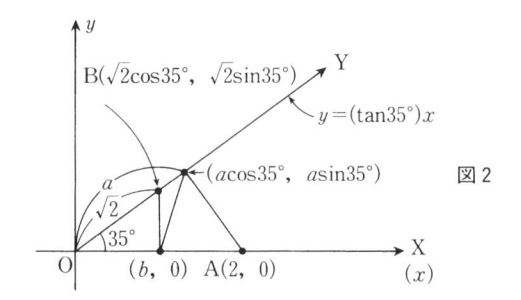

図2

方針 2

点 A の OY に関する対称点 A′ および，点 B の OX に関する対称点 B′ をとる（図3）．

このとき，求める最短距離が 2 点 A′, B′ の距離に等しいことに着眼する．

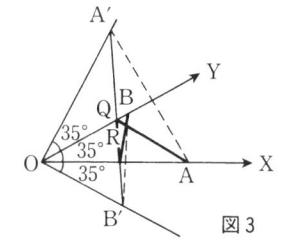

図3

[解答]（方針 2 による）

点 A の OY に関する対称点を A′, 点 B の OX に関する対称点を B′ とする．OY 上の点 Q, OX 上の点 R に対し，

$$AQ+QR+RB = A'Q+QR+RB' \geqq A'B'$$

（等号は A′, Q, R, B′ がこの順に一直線上にあるときに成り立つ）

よって，求める点 P の経路は，A→Q→R→B（図 3 の太線部）であり，その距離は，線分 A′B′ の長さに等しい．

△OB′A′ について余弦定理より，
$$(A'B')^2 = 2^2 + (\sqrt{2})^2 - 2 \cdot 2 \cdot \sqrt{2} \cos 105° = 6 - 4\sqrt{2} \cos 105°$$

加法定理より，$\cos 105° = \cos(60° + 45°) = \cos 60° \cos 45° - \sin 60° \sin 45° = \dfrac{1-\sqrt{3}}{2\sqrt{2}}$

したがって，$(A'B')^2 = 4 + 2\sqrt{3}$ より，$A'B' = \sqrt{3} + 1$

よって，最短距離は，$\sqrt{3} + 1$　……(答)

〈練習 3・3・1〉

∠AOB を直角とする直角三角形 OAB 上で玉突きをする．ただし，各辺では，入射角と反射角が等しい完全反射をするものとし，玉の大きさは無視する．

A から打ち出された玉が各辺で 1 回ずつ当たって，B に達することが出来るための ∠OAB に対する条件を求めよ．

(名古屋大)

方針

A から打ち出された玉が B に達するとすれば図1のような経路をたどることになる．図中，C, D, E は A から打ち出された玉が各辺とぶつかる点である．

図2のように △ABO を辺 BO に対して折り返した（線対称）△OBA′ において点 D の辺 BO に対する対称点を D′ とする．折れ線 ACD に着目してみよう．玉が C で反射して点 D にたどり着くことは，△ABA′ において A から打ち出された玉が一直線に進んで D′ にたどり着くことと同じである．また，辺 AA′ 上で，点 E の点 O に対する対称点を E′ とすれば，△AOB において点 D でぶつかり点 E にたどり着くことは，△AA′B において点 D′ でぶつかり点 E′ にたどり着くことに置きかえられる．

さらに図3のように △A′BO を辺 A′B に対して折り返す．すると，上の議論と同様に折れ線 AD′E′ に着目してみよう．玉が D′ で反射して点 E′ にたどり着き B に達するのは，直線 AD′ と辺 O′A′ の交点である E″ にたどり着き B に達することと同じである．

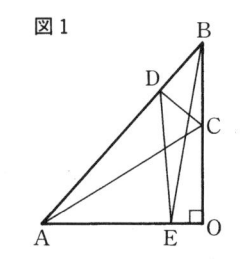

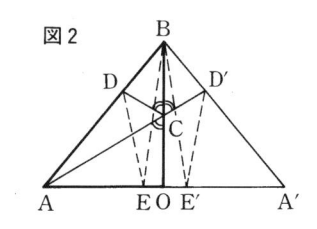

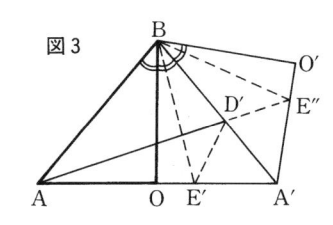

最後に図4のように △A'O'B を辺 O'A' に対して折り返す．このとき E″ で反射してBに達することと，AE″ の延長上に B' があることとは同じである．

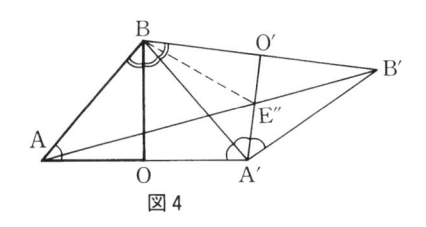

以上より点Aから打ち出された玉がBに達する条件は，線分 AB' が辺 BO, BA', A'O' と端点以外で交差する条件を求めることと同じである．

[解答] Aから打ち出された玉が各辺で1回ずつ当たって，Bに達するとする（図1）．
△ABO を辺 OB, AB, OA の順に次々に折り返すと（図5），玉の軌跡は線分 AB' となる．したがって，点Aから打ち出された玉がBに達するのは，線分 AB' が辺 BO, BA', A'O' それぞれと端点以外で交差するときである．
よって求める条件は
$$\angle ABB' < 180° \quad かつ \quad \angle AA'B' < 180°$$
である．これは，$\alpha = \angle OAB$ とおけば
$$3(90° - \alpha) < 180° \quad かつ \quad 3\alpha < 180°$$
とかき直せる．よって，
$$30° < \alpha < 60°$$
ゆえに求める条件は
$$\mathbf{30° < \angle OAB < 60°} \quad \cdots\cdots (答)$$

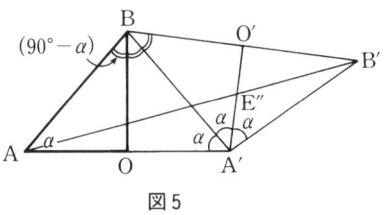

46　第3章　対称性の利用

§4　3次関数は点対称性を利用せよ

任意の3次関数は，
$$f(x)=ax^3+bx^2+cx+d \quad (a\neq 0)$$
の形で表せる．この形で3次関数を扱うと，4つの未知係数 a, b, c, d を扱うことになる．

だが，3次関数が，その変曲点に関して点対称であることを利用すれば，もっと計算の手間を減らすことができる．すなわち，どんな3次関数も，その変曲点が原点になるように平行移動すれば奇関数
$$f(x)=Ax^3+Bx$$
の形で表せる．3次関数をこの形で表せば，2つの未知係数 A, B を含むだけなので，前述の場合に比べて，計算量はずっと少なくてすむ．

*変曲点 …… $y=f(x)$ の導関数 $f'(x)$ をもう一度微分した第2次導関数 $f''(x)$ について，$f''(x_1)=0$ であり，$x=x_1$ の前後で $f''(x)$ の符号が変わるとき，点 $(x_1, f(x_1))$ を曲線 $y=f(x)$ の変曲点という．

また，極値をもつどんな3次関数のグラフも合同な4つの長方形の中にピッタリはまっている．すなわち，図3(a)が正しい図であり，図3(b)が誤った図の一例である．

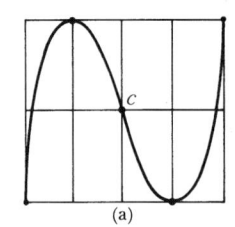

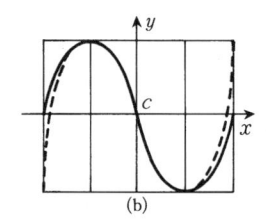

図3

(例)

$f(x)=x^3+3x^2-9x-2$ とする．x が $|x|\leq 4$ となる範囲を変化するとき，$f(x)$ の最大値，最小値，およびそのときの x の値を求めよ．

(解答)

$f'(x)=3(x-1)(x+3)$ だから，$x=-3$, 1 でそれぞれ極大，極小になる．$y=f(x)$ のグラフを4つの短冊を下敷きにしてかくと，

§4 3次関数は点対称性を利用せよ   47

$f(-3)=25,\ f(-1)=9,\ f(1)=-7$
より，図4のようになる．

よって，増減表をつくることなく，

　　　最大値は $f(4)=74$
　　　最小値は $f(1)=-7$

であることがわかる．

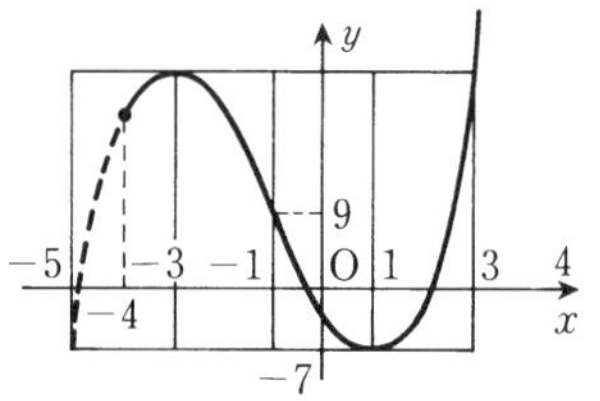

$$\left.\begin{array}{l} x=4 \text{ のとき，最大値 } 74 \\ x=1 \text{ のとき，最小値 } -7 \end{array}\right\} \quad \cdots\cdots\text{(答)}$$

図4

最後に，3次関数 $f(x)=ax^3+bx^2+cx+d\ (a\neq 0)$ が，

$$\text{変曲点 }\left(-\frac{b}{3a},\ f\left(-\frac{b}{3a}\right)\right)$$

に関して点対称であることの証明を参考のため載せておく．

(証明)

簡単のため，$-\dfrac{b}{3a}=p$ とおく．

$$\begin{aligned} f(x+p) &= a(x+p)^3+b(x+p)^2 \\ &\quad +c(x+p)+d \\ &= ax^3+(3ap+b)x^2 \\ &\quad +(3ap^2+2bp+c)x+f(p) \\ &= ax^3-\left(\frac{b^2}{3a}-c\right)x+f(p) \end{aligned}$$

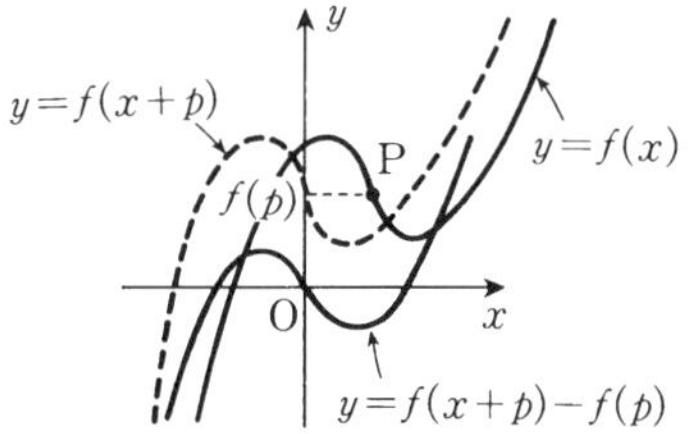

図5

$$\therefore\ f(x+p)-f(p)=ax^3-\left(\frac{b^2}{3a}-c\right)x \quad (奇関数)$$

これより，$y=f(x)$ を変曲点Pが原点Oと一致するように $\vec{l}=(-p,\ -f(p))$ だけ平行移動した関数 $y=f(x+p)-f(p)$ (図5) は，奇関数なので，原点Oに関して点対称である．よって，3次関数 $f(x)$ は，変曲点Pに関して，点対称である．

48　第3章　対称性の利用

~~~~~[例題　3・4・1]~~~~~
　極値をもつ3次関数 $y=f(x)$ のグラフ上の変曲点以外の点をPとする。点Pの接線と曲線が再び交わる点をQとし、点Qの接線と曲線が再び交わる点をRとする。また、3点P, Q, Rからx軸に下ろした垂線の足をそれぞれP′, Q′, R′とする。このとき、P′Q′:Q′R′を求めよ。
~~~~~

方針　1　〈計算が大変な解答〉

3次関数 $y=f(x)$ を
$$f(x)=ax^3+bx^2+cx+d \quad (a\neq 0)$$
とおく。
点 P$(p, f(p))$ における接線の方程式は、
$$f'(x)=3ax^2+2bx+c$$
より
$$y-f(p)=f'(p)(x-p)$$
である。この直線が再び $y=f(x)$ と交わる点Qの座標 $(x, f(x))$ を求める。
$$ax^3+bx^2+cx+d=f'(p)(x-p)+f(p) \quad \cdots\cdots(*)$$
$$a(x^3-p^3)+b(x^2-p^2)+c(x-p)=f'(p)(x-p)$$
$(x-p)$ で割ると（$\because$ $x\neq p$ より $x-p\neq 0$），
$$a(x^2+xp+p^2)+b(x+p)+c=3ap^2+2bp+c$$
$$ax^2+axp-2ap^2+bx-bp=0$$
$$a(x+2p)(x-p)+b(x-p)=0$$
$$a(x+2p)+b=0$$
$$\therefore \quad x=-\frac{b}{a}-2p$$
$$\therefore \quad 点 Q\left(-\frac{b}{a}-2p,\ f\left(-\frac{b}{a}-2p\right)\right)$$

同様の議論をすることにより、　……(**)
$$点 R\left(\frac{b}{a}+4p,\ f\left(\frac{b}{a}+4p\right)\right),\ P'(p, 0),\ Q'\left(-\frac{b}{a}-2p,\ 0\right),\ R'\left(\frac{b}{a}+4p,\ 0\right)$$
となる。ゆえに、
$$P'Q':Q'R'=\left|\frac{b}{a}+3p\right|:\left|\frac{2b}{a}+6p\right|$$
$$=1:2 \quad \cdots\cdots(答)$$

[補足]　(*)について　　$y-f(p)=f'(p)(x-p)$ が $y=f(x)$ 上の点 $(p, f(p))$ における接線であるから、(*)の式は $(x-p)^2$ を因数にもっている。この事実のもとに、式変形をしているので、計算がやや容易になっている。
　(**)について　　点Qにおける接線を $y=h(x)$ とおき、点Pにおける接線を求め

た後の議論を繰り返し行う必要はない．$q=-\dfrac{b}{a}-2p$ とおけば，点 $Q(q, f(q))$ となり，点 P における接線を求めた議論と，点 Q における接線を求めた議論（をするとすれば）は，文字 p と文字 q が異なるだけで，他は全く同様であるからである．p と q を入れかえることにより点 R は $\left(-\dfrac{b}{a}-2q,\ f\left(-\dfrac{b}{a}-2q\right)\right)$ となり，$q=-\dfrac{b}{a}-2p$ を代入することにより点 $R\left(\dfrac{b}{a}+4p,\ f\left(\dfrac{b}{a}+4p\right)\right)$ を得ることができる．

方針 2

3次関数が変曲点に関して点対称であることを利用する．

[解答] 求める比は座標系の選び方に依存しないので，3次関数の変曲点が原点となるような座標を導入して考えることができる．このとき，$y=f(x)$ は奇関数（$f(x)=-f(-x)$）であり，
$$f(x)=ax^3+bx \quad (a\neq 0) \quad \cdots\cdots ①$$
とおける．x_0，x_1，x_2 をそれぞれ，3点 P, Q, R の x 座標とする．P における曲線①の接線を $y=l(x) \cdots\cdots ②$ とおく．（$l(x)$ は高々 x の1次であることに注意せよ．）このとき，①，② は $x=x_0$ で接し，$x=x_1$ で交わるから，
$$f(x)-l(x)=a(x-x_0)^2(x-x_1)$$
という形でかけるはずである（第1章 §3 参照）．左辺には2次の項がないから，右辺の2次の係数も0であるはずだ．すなわち，$-ax_1-2ax_0=0$ によって，
$$x_1=-2x_0 \quad \cdots\cdots ③$$
全く同様な議論をすることによって（再び計算することなく）
$$x_2=-2x_1 \quad \cdots\cdots ④$$
を得る．③，④ より
$$x_2=-2(-2x_0)=4x_0$$
よって，求める比は，
$$P'Q':Q'R'=|x_1-x_0|:|x_1-x_2|$$
$$=|-2x_0-x_0|:|-2x_0-4x_0|$$
$$=1:2 \quad \cdots\cdots \text{(答)}$$

〈練習 3・4・1〉

曲線 $C: x^3+3x^2-y+1=0$
直線 $l: mx+y+3m-1=0$

がある．
直線 l が曲線 C と異なる3点で交わり，直線 l と曲線 C とで囲まれる2つの部分の面積が等しくなる m の値を求めよ．

方針 **1** 〈計算が大変な解答〉

$$y=f(x)=x^3+3x^2+1$$
$$y=g(x)=-m(x+3)+1$$

のグラフを描く．

$$f'(x)=3x(x+2)$$
$$f(-2)=5,\ f(-3)=1,\ f(0)=1$$

より次の増減表を得る．

また，直線 $y=g(x)$ は，点 $(-3, 1)$ を通る直線である．よって，$y=f(x)$, $y=g(x)$ のグラフの概形は図1のようになる．

x	-3		-2		0	
$f'(x)$		$+$	0	$-$	0	$+$
$f(x)$	1	↗	5	↘	1	↗

図1

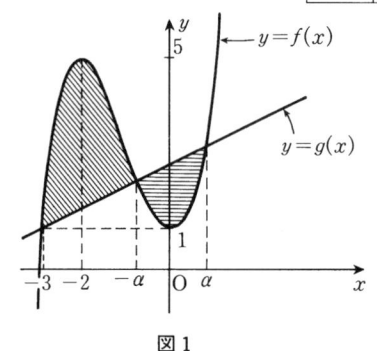

曲線 $C: x^3+3x^2-y+1=0$ と 直線 $l: mx+y+3m-1=0$ の交点の x 座標は，

$$x^3+3x^2+1-(mx+3m-1)=0$$
$\iff x^2(x+3)+m(x+3)=0$
$\iff (x^2+m)(x+3)=0$
∴ $x=-3,\ -\sqrt{-m},\ \sqrt{-m}$

である．
（$\sqrt{\ }$ の中身）≥ 0，直線 l と曲線 C が異なる3点で交わること，および図1を参照し，m の変域は，

§4 3次関数は点対称性を利用せよ 51

である. 簡単のために, $\sqrt{-m}=a$ とおく. a の変域は, ① より,
$$0<a<3$$
である.

直線 l と曲線 C とで囲まれる 2 つの部分の面積が等しくなる条件は,
$$\int_{-a}^{a}(g(x)-f(x))dx = \int_{-3}^{-a}(f(x)-g(x))dx$$
$$\int_{-a}^{a}(g(x)-f(x))dx - \int_{-3}^{-a}(f(x)-g(x))dx = 0$$
$$\int_{-3}^{a}(g(x)-f(x))dx = 0$$
であるから,
$$\int_{-3}^{a}(-x^3-3x^2-mx-3m)dx = 0$$
$$\iff \left[-\frac{x^4}{4}-x^3-m\frac{x^2}{2}-3mx\right]_{-3}^{a} = 0$$
$$\iff -\frac{a^4}{4}-2a^3-\left(\frac{81}{4}-\frac{9}{2}a^2-27+9a^2\right) = 0$$
$$\iff a^4+8a^3+18a^2-27 = 0$$
$$\iff (a-1)(a^3+9a^2+27a+27) = 0$$

ここで, $0<a<3$ より $a^3+9a^2+27a+27>0$ であるから,
$$a=1$$
ゆえに, 求める m の値は,
$$m=-a^2=\mathbf{-1} \quad \cdots\cdots (答)$$

方針 2 〈3次関数が変曲点で対称であることを利用する解法〉

3次関数 $f(x)$ が変曲点で点対称であることを利用すれば『直線 l と曲線 C とで囲まれる 2 つの部分の面積が等しい』ことを示すには, 『直線 l が変曲点を通る』ことを示せば十分である.

(注) 直線 l は, 方程式の形から y 軸に平行になることはない.

解答
$$f''(x)=6(x+1)$$
より, $y=f(x)$ の変曲点 M は,
$$M(-1, 3)$$
である.
$$f(x-1)$$
$$=(x-1)^3+3(x-1)^2+1$$
$$=x^3-3x+3$$
$$=f(-1)+x^3-3x$$

∴ $f(x-1)-f(-1)=x^3-3x$ （奇関数）

よって，$y=f(x)$ を x 軸方向に $+1$ 平行移動して，y 軸方向に -3 平行移動したグラフが原点対称であることから，$y=f(x)$ は，点 $(-1, 3)$ に関して点対称である．

図形の対称性により，直線 l が点 $(-1, 3)$ を通るとき，直線 l と曲線 C とで囲まれる2つの部分の面積が等しくなる（図2）．

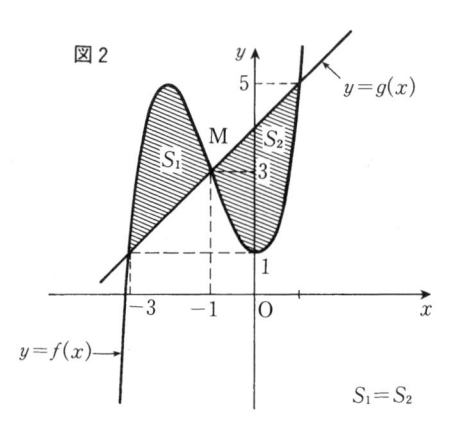

図2

$S_1 = S_2$

$m(-1)+3+3m-1=0$
$2m=-2$
∴ $m=-1$ ……（答）

（補足） 3次関数の表す曲線へ引ける接線の数に注目して xy 平面上の点を分類すると図3のようになる．

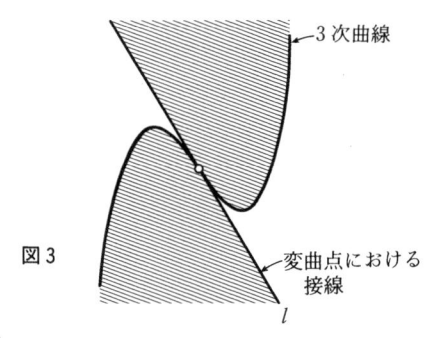

図3

接線の本数
 斜線部（太線は含まず）と変曲点（白丸の点）からは1本引け，変曲点における接線 l と3次曲線上の点からは2本引け，その他の点からは3本引ける．

§5 関数とその逆関数は線対称

互いに逆関数の関係にある $y=f(x)$, $y=g(x)$ のグラフは,直線 $y=x$ に関して対称である(下図).これら2曲線の交点を α, β $(\alpha<\beta)$ とし,また $\alpha \leq x \leq \beta$ の範囲で

$$f(x) \geq g(x)$$

とすると,これら2曲線によって囲まれる面積 S は,対称性を利用して,

$$S = 2\int_\alpha^\beta (x-g(x))dx$$

により求められる(下図参照).関数 $g(x)$ が整関数のとき,関数 $f(x)$ は無理関数となることが多いので,

$$S = \int_\alpha^\beta \{f(x)-g(x)\}dx$$

を計算するより,ずっと計算の手数を減らすことができる.無理関数の積分は,できることなら避けるほうが計算が楽になる.

また,直線 $y=x$ に関して対称な図形でなくても $y=x$ で分割することにより面積を求めやすい図形に帰着できることもあるので,図形を $y=x$ により分割するという解法をシッカリと頭にたたき込んでおこう.

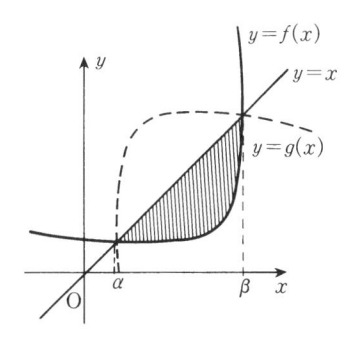

[例題 3・5・1]

次の2つの関数のグラフによって囲まれる部分の面積を求めよ.

$$y=f(x)=\frac{x^2}{8}+1 \quad (x \geq 0) \qquad y=g(x)=2\sqrt{2}\sqrt{x-1} \quad (x \geq 1)$$

(東北学院大)

方針 　**1** 〈計算が大変な方針〉

2曲線 $y=f(x)$ と $y=g(x)$ の交点の x 座標を α, β $(\alpha<\beta)$ とする(図1).

このとき,求める面積 S は,

$$S = \int_\alpha^\beta \{g(x)-f(x)\}dx$$

$$= \int_\alpha^\beta \left\{2\sqrt{2}\sqrt{x-1} - \left(\frac{x^2}{8}+1\right)\right\}dx$$

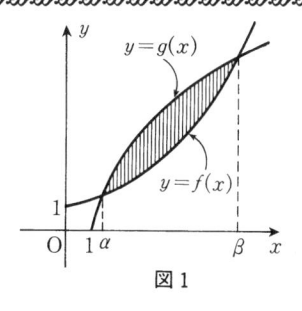

図1

54　第3章　対称性の利用

を計算することにより求められる.

方針 2

しかし, 無理関数の積分は, できることなら避けたい. 複雑な計算をする回数が多いほど, 計算まちがいを犯す危険性は増えるからだ.

そこで, $y=f(x)$ と $y=g(x)$ が逆関数の関係にあること, すなわち, 直線 $y=x$ に関して対称であることを利用する. S は直線 $y=x$ と曲線 $y=f(x)$ によって囲まれる部分の面積を2倍することにより求められる(図2).

図2

[解答] α, β は,
$$\frac{x^2}{8}+1=x \iff x^2-8x+8=0$$
の2つの実数解である. 解と係数の関係より,
$$\begin{cases} \alpha+\beta=8 \\ \alpha\beta=8 \end{cases}$$
これより,
$$(\alpha-\beta)^2=(\alpha+\beta)^2-4\alpha\beta$$
$$=8^2-4\cdot 8=32$$
求める面積 S は,
$$S=2\int_\alpha^\beta \left\{x-\left(\frac{x^2}{8}+1\right)\right\}dx$$
$$=-\frac{1}{4}\int_\alpha^\beta (x^2-8x+8)dx$$
$$=-\frac{1}{4}\int_\alpha^\beta (x-\alpha)(x-\beta)dx$$
$$=\frac{1}{4}\int_\alpha^\beta (x-\alpha)(\beta-x)dx$$
$$=\frac{1}{4}\cdot\frac{1}{3!}(\beta-\alpha)^3$$
$$=\frac{1}{4}\cdot\frac{1}{6}\cdot 32^{\frac{3}{2}}=\boldsymbol{\frac{16\sqrt{2}}{3}} \quad \cdots\cdots (答)$$

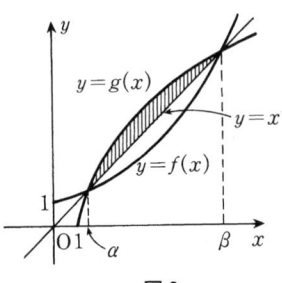

§5 関数とその逆関数は線対称

―〈練習 3・5・1〉―

a は正の定数とする．2曲線
$$y = x^3 + a, \qquad x = y^3 + a$$
が接する（どれか1つの共有点において接線を共有する）とき，

(1) a の値を求めよ．

(2) 2曲線が囲む面積を求めよ．

[解答] (1) $y = x^3 + a$ ……① $\quad x = y^3 + a$ ……②

①－② より
$$(x-y)(x^2 + xy + y^2 + 1) = 0 \qquad \cdots\cdots ③$$

ここで，
$$x^2 + xy + y^2 + 1 = \left(x + \frac{1}{2}y\right)^2 + \frac{3}{4}y^2 + 1 > 0$$

より，
$$③ \iff x - y = 0 \iff x = y$$

よって，「2曲線①，②の交点または接点が存在するとすれば，それらはみな直線 $y = x$ 上にある」……(☆)

2曲線①，②が接するとすれば，その接点 $P(x, y)$ におけるそれぞれの接線の傾きは，①に関して $\dfrac{dy}{dx} = \dfrac{d}{dx}(x^3 + a)$ より，

"$x^3 + a$ を x で微分したもの $3x^2$"

であり，②に関して $\dfrac{dy}{dx} = \dfrac{1}{\left(\dfrac{dx}{dy}\right)} = \dfrac{1}{\dfrac{d}{dy}(y^3 + a)}$ より，

"$y^3 + a$ を y で微分したものの逆数 $\dfrac{1}{3y^2}$"

である．

したがって，2曲線①，②が点 $P(x, y)$ で接するための条件は

「① かつ ② かつ $3x^2 = \dfrac{1}{3y^2}$ …④」……(＊)

をみたすことである．(＊)を満たす $P(x, y)$ は

(☆) と ④ より $\quad x = y = \pm \dfrac{1}{\sqrt{3}}$ （複号同順） ……⑤

であることが必要である．⑤と①，②を連立して得られる a のうち $a > 0$ を満たすものが求める a である．

よって，$P\left(\dfrac{1}{\sqrt{3}}, \dfrac{1}{\sqrt{3}}\right)$ に対して，$a = \dfrac{2}{3\sqrt{3}} = \dfrac{2}{9}\sqrt{3}$ ……（答）

(2) (1)より，2曲線①，②の接点は$P\left(\dfrac{1}{\sqrt{3}}, \dfrac{1}{\sqrt{3}}\right)$，共通接線は $y=x$ ……⑥
である．次に，①，②の点P以外の共有点Qのx座標を求める．点Qのx座標は，(☆)より，直線⑥と①(または②)を連立してできるxの方程式
$$x^3+a-x=\left(x-\dfrac{1}{\sqrt{3}}\right)^2\left(x+\dfrac{2}{\sqrt{3}}\right)=0$$
の重解 $x=\dfrac{1}{\sqrt{3}}$ 以外の解 $x=-\dfrac{2}{\sqrt{3}}$ である．

また，関数①と②が互いの逆関数であるから，曲線①と②は直線 $y=x$ に関して対称である．以上より，2曲線①，②が囲む部分は図1の斜線部であり，その面積 S は，"曲線①と直線 $y=x$ が囲む面積の2倍"として求められる．

よって，
$$\begin{aligned}S&=2\int_{-\frac{2}{\sqrt{3}}}^{\frac{1}{\sqrt{3}}}\left(x^3+\dfrac{2}{3\sqrt{3}}-x\right)dx\\&=2\left[\dfrac{x^4}{4}-\dfrac{x^2}{2}+\dfrac{2}{3\sqrt{3}}x\right]_{-\frac{2}{\sqrt{3}}}^{\frac{1}{\sqrt{3}}}\\&=\dfrac{3}{2}\quad\cdots\cdots(答)\end{aligned}$$

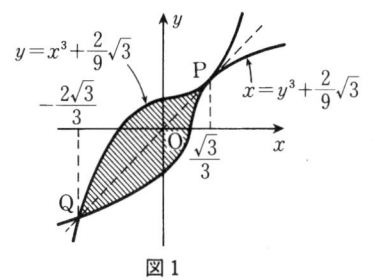

図1

§5 関数とその逆関数は線対称

〈練習 3・5・2〉

2つの曲線
$$y = x^3 + x^2 + ax \quad \cdots\cdots ①$$
$$x = y^3 + y^2 + ay \quad \cdots\cdots ②$$

は原点で同じ直線に接している．

(1) a の値を求めよ．

(2) 曲線①と②で囲まれる部分の面積 S を求めよ．

解答 (1) 式①と②は x と y を入れかえた式である（式①と②は x, y に関して対称である）．よって，①，②のグラフは直線 $y=x$ に関して対称である．

①に関して，
$$y' = 3x^2 + 2x + a$$

よって，原点における接線は $y = ax$

これと $y=x$ に関して対称な直線は $x = ay$

これらが一致するから $a = \dfrac{1}{a}$

$$\therefore \quad a = \pm 1 \quad \cdots\cdots \text{(答)}$$

(2) $a=1$ のときと $a=-1$ のときの2つの場合に分けて考える．

(i) $a=1$ のとき：

①と $y=x$ を連立すると，
$$x^3 + x^2 + x - x = x^2(x+1) \quad \cdots\cdots ③$$

であることから，

$\underline{x=0, -1 \text{ のとき}}$: ③$=0$ より，$x^3+x^2+x = x$

$\underline{x>-1 \text{ のとき}}$: ③>0 より，$x^3+x^2+x \geq x$

$\underline{x<-1 \text{ のとき}}$: ③<0 より，$x^3+x^2+x \leq x$

よって，曲線①と直線 $y=x$ は $x=0, -1$ でのみ共有点をもつ（これら以外に交点がないことの理由は後述の[補足]を参照せよ）．

また，②は①と $y=x$ に関して対称であるから囲まれる部分は $-1 \leq x \leq 0$ にあり（図1参照），その面積は

$$S = 2\int_{-1}^{0}(x^3 + x^2 + x - x)dx$$
$$= 2\int_{-1}^{0}(x^3 + x^2)dx$$
$$= \dfrac{7}{6} \quad \cdots\cdots \text{(答)}$$

図1

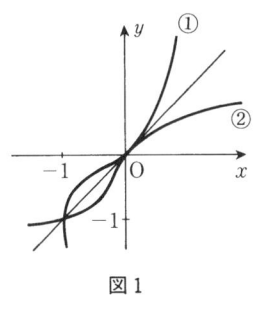

(ii) $a=-1$ のとき：

①と $y=x$ と連立すると，
$$x^3+x^2-x-x=x(x+2)(x-1) \quad \cdots\cdots ④$$
であり，

<u>$x=-2$, 0, 1 のとき</u>：④$=0$ より，$x^3+x^2-x=x$
<u>$-2<x<0$ のとき</u>　　：④>0 より，$x^3+x^2-x>x$
<u>$0<x<1$ のとき</u>　　　：④<0 より，$x^3+x^2-x<x$

よって，①，②のグラフは図2のようになり，
①，②は $(-2, -2)$, $(0, 0)$, $(1, 1)$ で交わる
（これら以外に交点がないことの理由は後述の
［補足］を参照せよ）．

よって，
$$\begin{aligned}
S&=2\int_{-2}^{0}(x^3+x^2-2x)dx \\
&\quad +2\int_0^1(2x-x^2-x^3)dx \\
&=2\left[\frac{x^4}{4}+\frac{x^3}{3}-x^2\right]_{-2}^0+2\left[x^2-\frac{x^3}{3}-\frac{x^4}{4}\right]_0^1 \\
&=2\left(\frac{8}{3}+\frac{5}{12}\right)=\mathbf{\frac{37}{6}} \quad \cdots\cdots \text{(答)}
\end{aligned}$$

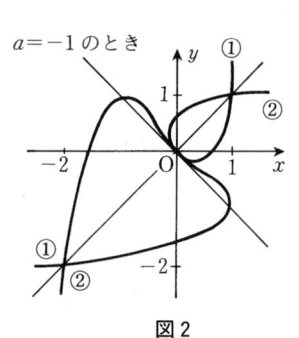

図2

［補足］
　①と②は直線 $y=x$ に関して対称だから，①と②の交点は直線 $y=x$ 上以外にはない．だから，①と②の交点を求めるには，①（または②）と直線 $y=x$ の交点を求めればよいのである．

第 4 章 やさしいものへの帰着

§1 整関数へ帰着せよ

関数 $F(x)$ の増減を調べるとき，$F(x)$ の各項が定数 k の倍数であるならば，$F(x)$ を微分するよりも
$$F(x) = k\,G(x)$$
として，$G(x)$ を微分するとよい．

正確には，
$$\begin{cases} k>0 \text{ のとき，} F'(x) \text{ と } G'(x) \text{ の符号は一致する} \\ k<0 \text{ のとき，} F'(x) \text{ と } G'(x) \text{ の符号は逆転する} \end{cases}$$
という関係が成り立つことを利用するのである．

また，関数 $F(x)$ が
$$F(x) = f(x)\sqrt{g(x)}$$
の形に分解できるとする．

この関数 $F(x)$ の増減を調べるときは，このまま微分すると無理関数の微分をすることになり，計算まちがいを犯しやすい．そこで，

$f(x)>0$ ならば，
$$F(x) = \sqrt{\{f(x)\}^2 g(x)}$$
$$= \sqrt{G(x)}$$

$f(x)<0$ ならば，
$$F(x) = -\sqrt{\{f(x)\}^2 g(x)}$$
$$= -\sqrt{G(x)}$$

のように『$f(x)$ をルートの中に入れる』という式変形をしてからルートの中身 $G(x)$ だけを微分するとよい．

このようにして，無理関数を微分するかわりに，ルートの中身の整関数を微分することに帰着させると計算が楽になる．

[例題 4・1・1]

底面 BCD が正三角形であるような正三角すい ABCD がある．辺 AB, AC, AD の長さは1である．
(1) 底面の1辺の長さを x として，この正三角すいの体積 $V(x)$ を求めよ．
(2) $V(x)$ の最大値を求めよ．

方針 1 〈計算が大変になる方針〉

$$V(x) = \frac{1}{12}x^2\sqrt{3-x^2}$$

となるが，$V(x)$ をそのまま微分することにより，その最大値を求める．

方針 2

$$V(x) = \frac{1}{12}\sqrt{3x^4 - x^6} = \frac{1}{12}\sqrt{f(x)}$$

と変形して，$f(x)$ を微分することにより，$V(x)$ の最大値を求める．

解答

(1) 頂点 A から底面の正三角形 BCD に下ろした垂線の足を点 G とする．(点 G は，△BCD の重心であるが，これは有名な事実なので覚えておくこと．)
体積，$V(x)$ は，

$$V(x) = \frac{1}{3} \cdot \triangle\text{BCD} \cdot (\text{AG})$$

で与えられる．

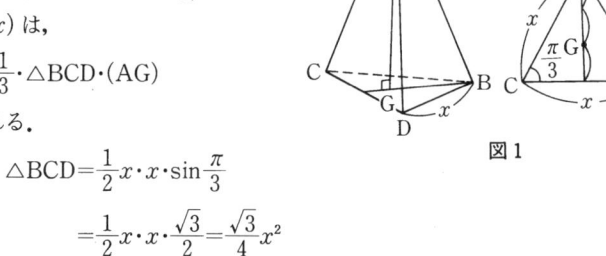

$$\triangle\text{BCD} = \frac{1}{2}x \cdot x \cdot \sin\frac{\pi}{3}$$

$$= \frac{1}{2}x \cdot x \cdot \frac{\sqrt{3}}{2} = \frac{\sqrt{3}}{4}x^2$$

$$\text{AG} = \sqrt{(\text{AB})^2 - (\text{BG})^2}$$

$$= \sqrt{1 - \left(\frac{2}{3} \cdot x\sin\frac{\pi}{3}\right)^2} = \sqrt{1 - \frac{1}{3}x^2}$$

である．よって，

$$V(x) = \frac{1}{3} \cdot \triangle\text{BCD} \cdot (\text{AG})$$

$$= \frac{1}{3} \cdot \frac{\sqrt{3}}{4}x^2 \cdot \sqrt{1 - \frac{1}{3}x^2}$$

$$= \frac{1}{12}x^2 \cdot \sqrt{3 - x^2} \quad (0 < x < \sqrt{3}) \quad \cdots\cdots \text{(答)}$$

図1

(2) $V(x) = \dfrac{1}{12}\sqrt{x^4(3-x^2)}$

ここで，
$$f(x) = x^4(3-x^2)$$
$$= 3x^4 - x^6 \quad (0 < x < \sqrt{3})$$

とおくと，
$$V(x) = \dfrac{1}{12}\sqrt{f(x)}$$

である．$V(x)$ と $f(x)$ の増減は一致するので，$f(x)$ を微分して $V(x)$ の増減を調べる．

$$f'(x) = 12x^3 - 6x^5$$
$$= 6x^3(2 - x^2)$$
$$= 6x^3(\sqrt{2} - x)(\sqrt{2} + x)$$

よって，$0 < x < \sqrt{3}$ の範囲で，下記の増減表を得る．

x	(0)	$\cdots$	$\sqrt{2}$	$\cdots$	$(\sqrt{3})$
$f'(x)$		$+$	0	$-$	
$f(x)$		↗	極大	↘	

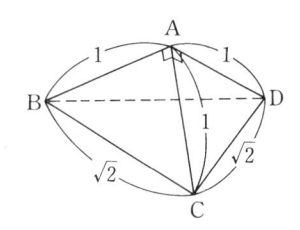

$x = \sqrt{2}$ で $V(x)$ は極大かつ最大になり，

$V(x)$ の最大値は $\dfrac{1}{6}$ ……（答）

[コメント] 〈方針1〉に従って，$V(x)$ を変形することなく微分すると，次のようになる．

$$V'(x) = \dfrac{1}{12} 2x\sqrt{3-x^2} + \dfrac{1}{12}x^2 \dfrac{(-2x)}{2\sqrt{3-x^2}}$$
$$= \dfrac{1}{6}x\sqrt{3-x^2} - \dfrac{x^3}{12\sqrt{3-x^2}}$$
$$= \dfrac{2x(3-x^2) - x^3}{12\sqrt{3-x^2}}$$
$$= \dfrac{6x - 3x^3}{12\sqrt{3-x^2}} = \dfrac{x(2-x^2)}{4\sqrt{3-x^2}}$$

これを見れば，計算まちがいを起こす確率が

（方針1）≫（方針2）　←「方針1の方がかなり大きい」という意味

であることは明らかだろう．

〈練習 4・1・1〉

半径1の定円に内接する $AB=AC$ の二等辺三角形 ABC を考える。この三角形 ABC を底辺 BC のまわりに $360°$ 回転して得られる立体の体積の最大値を求めよ。

[方針]

頂点 A から辺 BC に下ろした垂線の長さを x とし、題意の回転体の体積 V を x で表す（それを $V(x)$ とする）。$V(x)$ が無理関数になるので、変形をすべてルートの中に入れて、ルートの中身（整関数）を $f(x)$ とおき、微分すると計算量が減る。

[解答]

半径1の定円の中心を点 O、頂点 A から辺 BC に下した垂線の足を点 M とし、辺 AM の長さを x とおく（図1）。$\triangle ABC$ が半径1の円に内接していることから、変数 x の変域は、

$$0 < x < 2 \quad \cdots\cdots ①$$

である。

図1

題意の立体は、辺 AM を半径とする円を底円、高さ CM の円錐を2個はり合わせたものである（図2）。

よって、その体積 $V(x)$ とおくと

$$V(x) = 2 \cdot \frac{1}{2} \cdot \pi (AM)^2 (CM)$$

である。

$$AM = x$$
$$CM = \sqrt{(CO)^2 - (OM)^2}$$
$$= \sqrt{1 - |1-x|^2}$$
$$= \sqrt{2x - x^2}$$

だから、

$$V(x) = \frac{2}{3}\pi x^2 \sqrt{2x - x^2}$$
$$= \frac{2}{3}\pi \sqrt{2x^5 - x^6}$$

ここで、$f(x) = 2x^5 - x^6$ とおくと

$$V(x) = \frac{2}{3}\pi \sqrt{f(x)}$$

となる。

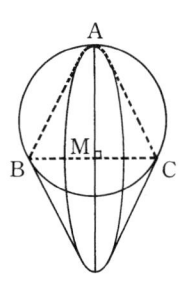

$V(x)$ が最大値をとるのは，$f(x)$ が最大値をとるときである．
$f(x)$ の増減を調べる．

$$f'(x) = 10x^4 - 6x^5$$
$$= 2x^4(5 - 3x)$$
$$f\left(\frac{5}{3}\right) = \left(\frac{5}{3}\right)^5 \left(2 - \frac{5}{3}\right)$$
$$= \frac{1}{3}\left(\frac{5}{3}\right)^5$$

よって，下記の増減表を得る．

x	(0)		$\frac{5}{3}$		(2)
$f'(x)$		+	0	−	
$f(x)$	(0)	↗	$\frac{1}{3}\left(\frac{5}{3}\right)^5$	↘	(0)

ゆえに，$V(x)$ の最大値は，

$$V_{\max} = \frac{2}{3}\pi \sqrt{\frac{1}{3}\left(\frac{5}{3}\right)^5}$$
$$= \frac{50\sqrt{5}}{81}\pi \quad \cdots\cdots (答)$$

§2 三角関数は有理関数へ帰着せよ

(整関数)÷(整関数) の形の関数を **有理関数** という．整関数は扱い易い関数の典型だから，整関数以外の関数を何らかの方法で整関数にもち込むことが重要であることは前節で学んだ．本節では，整関数ほどは扱い易いとはいえないが，比較的扱い易い有理関数に三角関数をもち込む方法を述べる．

$\tan\dfrac{x}{2}=t$ とおくと，tan の加法定理より

$$\tan x = \dfrac{2\tan\dfrac{x}{2}}{1-\tan^2\dfrac{x}{2}} = \dfrac{2t}{1-t^2}$$

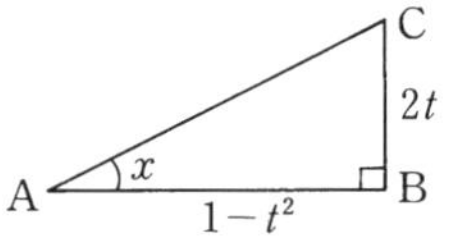

図1

よって，$\tan x$ は t の有理関数で表せる．ここで，角 x は図1を満たす角とする．

このとき，線分 AC の長さは，

$$\begin{aligned} \mathrm{AC} &= \sqrt{(1-t^2)^2+(2t)^2} \\ &= \sqrt{t^4+2t^2+1} \\ &= \sqrt{(t^2+1)^2} = t^2+1 \end{aligned}$$

である．

ゆえに，$\sin x$, $\cos x$ は，

$$\sin x = \dfrac{\mathrm{BC}}{\mathrm{AC}} = \dfrac{2t}{t^2+1}$$

$$\cos x = \dfrac{\mathrm{AB}}{\mathrm{AC}} = \dfrac{1-t^2}{t^2+1}$$

[例題 4・2・1]

$f(x)=\dfrac{1-\sin x}{1+\cos x}$ $\left(0\leq x\leq\dfrac{2}{3}\pi\right)$ の最大値および最小値を求めよ．

方針 1

$$\tan\dfrac{x}{2}=t$$

とおくとき，$\sin x$, $\cos x$ は，

$$\sin x=\dfrac{2t}{1+t^2}$$

$$\cos x=\dfrac{1-t^2}{1+t^2}$$

と表される．
　これらの値を代入することにより，三角関数の計算を有理関数の計算に直して解答する．

方針 2

$$f(x)=\frac{1-\sin x}{1+\cos x}$$
$$=-\frac{\sin x-1}{\cos x+1}\equiv -g(x)$$

と変形する．
　このとき関数 $g(x)$ は，点 $(\sin x, \cos x)$ と点 $(-1, 1)$ を結ぶ直線の傾きを表すことを利用し，図形的に処理する（2章 §1 参照）．
　本問は〈方針2〉で解答したほうが容易であるが，〈方針1〉で示した置き換え法は，三角関数の積分をするときなど，しばしば有効なので慣れておくとよい．

[解答]　〈方針1による解答〉

$$\tan\frac{x}{2}=t$$

とおくと，t の変域は $0\leqq x\leqq\frac{2}{3}\pi$ より

$$0\leqq t\leqq\sqrt{3} \quad \cdots\cdots ①$$

また，

$$\tan x=\frac{2\tan\frac{x}{2}}{1-\tan^2\frac{x}{2}}=\frac{2t}{1-t^2}$$

$$\sin x=\frac{BC}{AC}=\frac{2t}{t^2+1} \quad \cdots\cdots ②$$

$$\cos x=\frac{AB}{AC}=\frac{1-t^2}{t^2+1} \quad \cdots\cdots ③$$

で与えられる．
　②，③ を $f(x)$ に代入すると，

$$f(x)=\frac{1-\dfrac{2t}{1+t^2}}{1+\dfrac{1-t^2}{1+t^2}}$$

$$=\frac{1+t^2-2t}{1+t^2+1-t^2}$$

$$=\frac{1}{2}(t-1)^2 \quad \cdots\cdots ④$$

図2

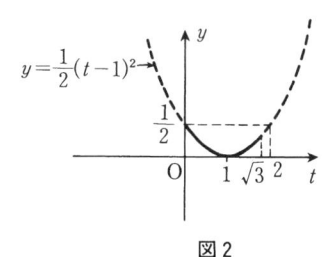

①，④ より図2を得る．
　図2より，$f(x)$ は $t=0$ で最大値，$t=1$ で最小値をとることがわかる．

ゆえに，求める最大値と最小値は，

$$(最大値)=\frac{1}{2}$$
$$(最小値)=0$$
……(答)

[解答] 〈方針 2 による解答〉

$$f(x)=\frac{1-\sin x}{1+\cos x}$$
$$=-\frac{\sin x-1}{\cos x+1}$$
$$\equiv -g(x)$$

と変形する。

このとき関数 $g(x)$ は，点 $(\cos x,\ \sin x)$ と点 $(-1,\ 1)$ を結ぶ直線の傾きを表す（図 3）。

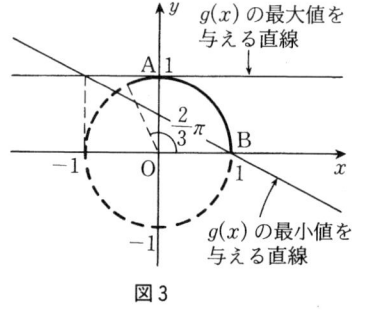

図 3 より，$g(x)$ は

$$(\cos x,\ \sin x)=(0,\ 1) \quad (図 3，点 A)$$

のとき最大値，

$$(\cos x,\ \sin x)=(1,\ 0) \quad (図 3，点 B)$$

のとき最小値をとることがわかる。

ゆえに，$g(x)$ の最大値と最小値は

$$(最大値)=0$$
$$(最小値)=-\frac{1}{2}$$

である。

$f(x)$ と $g(x)$ の最大値と最小値は，符号が異なるので，逆転する。

したがって，$f(x)$ の最大値と最小値は

$$(最大値)=\frac{1}{2}$$
$$(最小値)=0$$
……(答)

図 3

§2 三角関数は有理関数へ帰着せよ

----〈練習 4・2・1〉----
半径 a の定円に外接する二等辺三角形の等辺が最小となるときの底辺の長さを求めよ。

解答

図1のように，半径 a の定円に外接する二等辺三角形の底角を 2θ とする。θ の変域は，
$$0 < 2\theta < \frac{\pi}{2}$$
$$\iff 0 < \theta < \frac{\pi}{4} \quad \cdots\cdots (*)$$

このとき，直角三角形 ABD に注目すると，等辺 AB の長さは，
$$AB = \frac{BD}{\cos 2\theta} \quad \cdots\cdots ①$$
により与えられる。

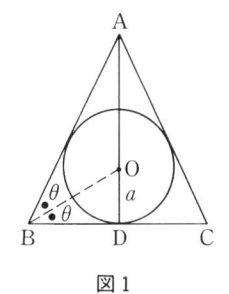

線分 BD の長さは，直線 OB が底角を二等分することから $\angle OBD = \theta$ となるので，
$$BD = \frac{a}{\tan \theta} \quad \cdots\cdots ②$$

①，②より，
$$AB = \frac{a}{\cos 2\theta \tan \theta} \quad \cdots\cdots ③$$
$$\tan \theta = t$$
とおくと，
$$\cos 2\theta = \frac{1-t^2}{1+t^2}$$
t の変域は，
$$0 < t < 1$$
このとき，③の方程式は，
$$F(t) = \frac{1+t^2}{t(1-t^2)}$$
とかき直すことができる。

$(F(t)$ の1次導関数の分子$)$
$= 2t(t-t^3) - (1+t^2)(1-3t^2)$
$= t^4 + 4t^2 - 1$

$F'(t) = 0$ となるのは，
$$t^2 = -2 + \sqrt{5}$$
のときである。

よって，下記の増減表を得る．

t^2	(0)		$\sqrt{5}-2$		(1)
$F'(t)$		$-$	0	$+$	
$F(t)$		↘	最小	↗	

これより，等辺 AB の長さは，
$$t^2 = -2+\sqrt{5}$$
$$= \tan^2\theta$$
$$\iff \frac{1}{\tan^2\theta} = 2+\sqrt{5}$$
のとき最小になる．

よって，求める底辺 BC の長さは，
$$BC = 2BD = \frac{2a}{\tan\theta}$$
$$= 2\sqrt{2+\sqrt{5}}\,a \quad \cdots\cdots \text{(答)}$$

§3 楕円は円に帰着せよ

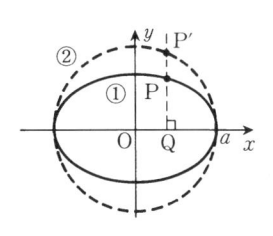

原点を中心とし，x 軸に長軸，y 軸に短軸をとる楕円 $\dfrac{x^2}{a^2}+\dfrac{y^2}{b^2}=1$ $(a>b>0)$ の **補助円** とは，この楕円を短軸方向に $\dfrac{a}{b}$ 倍拡大$\Big($または長軸方向に $\dfrac{b}{a}$ 倍縮小$\Big)$ して得られる円 $x^2+y^2=a^2$ (または，円 $x^2+y^2=b^2$) のことをいう．

我々は，楕円に関する性質よりも，円に関して成り立つ性質についてたくさん知っている．例えば，円周角の定理，扇形の面積の公式，方べきの定理など，円に関する様々な有力な道具を知っている．よって，楕円の問題に出会ったときは，楕円のまま解こうとするのではなく，まず，それを円の問題に帰着できないかどうか考えるとよい．

[例題 4・3・1]

だ円 $\dfrac{x^2}{4}+y^2=1$ と定点 $A(a, 0)$ $(0<a<2)$ がある．点 A を通る直線 l と，このだ円との交点を P，Q とし，線分 PQ の中点を M とする．

直線 l を動かすとき，点 M の描く曲線の方程式を求めよ．

方針 1 〈計算が大変な方針〉

2次曲線（だ円）上の点をパラメータで表し点 M の座標を表すことにより，計算のみで，点 M の軌跡を求めることができる．そのとき，解と係数の関係を使うと少々，計算の手数を減らせる．しかし，計算まちがいを犯すことなく正解にたどり着くことは大変だ．解答の初めの部分を示しておく．

場合 1 直線 l が y 軸に平行なとき：
$$l\,;\,x=a$$
とおくことができる．
だ円 $\dfrac{x^2}{4}+y^2=1$ は，x 軸に関して対称なので，
$$M(a,\ 0)$$
である．

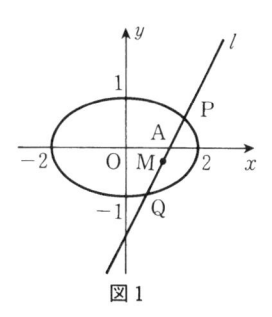

場合 2 直線 l が y 軸に平行でないとき：
$$l\,;\,y=m(x-a) \quad\cdots\cdots① \quad (m\,;\text{パラメータ})$$

とおくことができる．だ円の方程式と連立して y を消去すると，
$$x^2+4m^2(x-a)^2-4=0$$
$$\iff (1+4m^2)x^2-8m^2ax+4m^2a^2-4=0 \quad \cdots\cdots ②$$
となる．

ここで，点 P，Q，M の座標をそれぞれ，
$$P(x_1, y_1), Q(x_2, y_2), M(X, Y)$$
とおく．x_1, x_2 は，方程式 ② の 2 つの実数解であるから，解と係数の関係により，
$$x_1+x_2=\frac{8m^2a}{1+4m^2} \quad \cdots\cdots ③$$
が成り立つ．

一方，点 M は，点 P，Q の中点であり，また，直線 ① 上の点だから，
$$X=\frac{x_1+x_2}{2}$$
$$Y=m(X-a)$$
が成り立つ．これらの式に ③ の値を代入すると，
$$\left. \begin{array}{l} X=\dfrac{4m^2a}{1+4m^2} \\ Y=m(X-a) \end{array} \right\} \quad \cdots\cdots ④$$
となる．点 M の軌跡は ④ の 2 つの式からパラメータ m を消去することにより求めることができる．

方針 2

拡大・縮小コピー（シフティング）を利用し，だ円を円に変換してから，点 M の描く軌跡を考察する．

[解答] 与えられただ円 $\dfrac{x^2}{4}+y^2=1$ を C とする．

だ円 C と直線 l を，ともに y 軸方向に 2 倍に拡大する．このとき，だ円 C は原点 O を中心とする半径 2 の円（この円を C' とする）に，曲線 l は点 $A(a, 0)$ を通る直線（この直線を l' とする）にうつされる（図 2）．

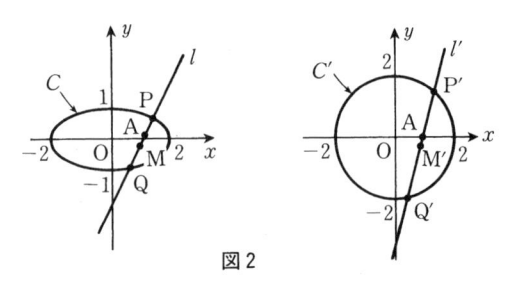

図 2

点 P, Q, M が，それぞれ，点 P′, Q′, M′ にうつされるとする．拡大（または，縮小）変換を行っても，線分の比は不変なので，点 M′ は線分 P′Q′ の中点である．一般に，円の弦に円の中心から下ろした垂線，その弦を 2 等分する．ゆえに，

$$OM' \perp P'Q'$$

が成り立つ．したがって，点 M′ は線分 OA を直径とする円周上のすべての点を動く（図 3）．

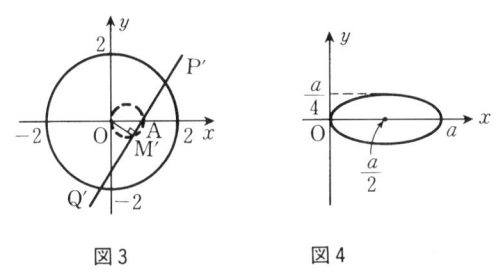

図 3　図 4

よって，点 M′ の軌跡は，

$$\left(x - \frac{a}{2}\right)^2 + y^2 = \frac{a^2}{4}$$

である．点 M′ の軌跡を y 軸方向に $\frac{1}{2}$ 倍した図形が点 M の軌跡である．

したがって，求める点 M の軌跡は（図 4 参照）．

$$\left(x - \frac{a}{2}\right)^2 + 4y^2 = \frac{a^2}{4} \quad \cdots\cdots \text{(答)}$$

〈練習 4・3・1〉

だ円 $\dfrac{x^2}{a^2}+\dfrac{y^2}{b^2}=1$ $(a>0,\ b>0)$ において，x 軸上の頂点を A，A′，y 軸上の点を B，B′ とし，軸 AA′ 上の原点 O 以外の点を P$(p,\ 0)$ とする．また，直線 B′P とだ円との交点を X とし，直線 BX と x 軸との交点を Q$(q,\ 0)$ とする．このとき，$pq=$ 一定 という関係があることを示せ．

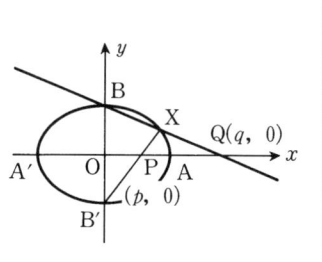

(東京経大)

[解答]

だ円を y 軸方向に $\dfrac{a}{b}$ 倍する (図 5)．点 P，Q はともに x 軸上の点なので，その座標は不変である．

図 5 のように記号を定め，
$$\angle B''B'''X' = \angle PQX' = \theta$$
とすると，
$$|p| = a\tan\theta$$
$$|q| = \dfrac{a}{\tan\theta}$$

$p,\ q$ は明らかに同符号なので，
$$pq = (a\tan\theta)\cdot\dfrac{a}{\tan\theta}$$
$$= a^2 \ (\text{一定}) \quad (\text{証明終わり})$$

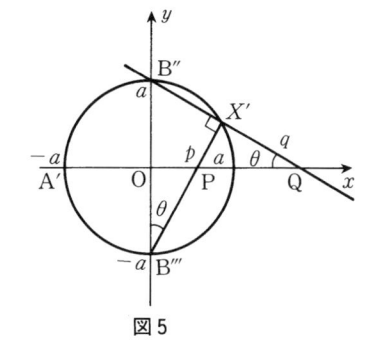

図 5

── 〈練習 4・3・2〉──
相異なる3点 A, B, C がだ円 $\dfrac{x^2}{16}+\dfrac{y^2}{9}=1$ の周上を動く．直線 BC の傾きが1のとき △ABC の面積の最大値を求めよ．

(東京学芸大)

解答 $\dfrac{x}{4}=X$, $\dfrac{y}{3}=Y$ とおく（すなわち，x 軸方向に $\dfrac{1}{4}$，y 軸方向に $\dfrac{1}{3}$ 倍縮小する）．すると，与えられただ円は（新座標 XY において）単位円 $X^2+Y^2=1$ にうつる．

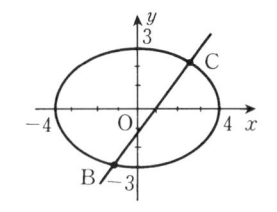

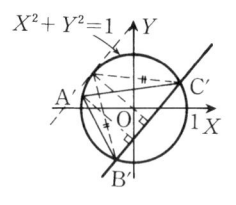

この変換によって，3点 A, B, C がそれぞれ A′, B′, C′ にうつったとすると
$$\therefore \quad \triangle ABC = 12\triangle A'B'C'$$
△ABC の面積を最大にするには △A′B′C′ の面積を最大にすればよい．また，直線 BC は直線 B′C′ にうつり，その傾きは $\dfrac{4}{3}$ である．

円に内接する三角形の中で面積最大なものは正三角形である．一方，直線 B′C′ の傾きを $\dfrac{4}{3}$ に固定したまま △A′B′C′ が正三角形になるように頂点 A′ の位置を定めることができる．

よって，△A′B′C′ の面積が最大となるのは △A′B′C′ が単位円に内接する正三角形のときである．

このとき，その面積は
$$\triangle A'B'C' = 3\triangle OA'B'$$
$$= 3\cdot\dfrac{1}{2}\cdot1\cdot1\cdot\sin 120° = \dfrac{3\sqrt{3}}{4}$$

よって，求める △ABC の最大値は
$$\triangle ABC = 12\triangle A'B'C'$$
$$= 12\cdot\dfrac{3\sqrt{3}}{4}$$
$$= \mathbf{9\sqrt{3}} \quad \cdots\cdots（答）$$

§4 正射影を利用せよ

 一般に，xyz 座標空間に存在する立体の切り口の面積を求めることは難しい．その理由は，切り口を表す方程式が 3 つの変数 x, y, z を含むものであったり，複数の方程式で表されるからである．我々が扱い慣れているのは，空間に斜めに位置する平面図形ではなく xy 平面上にある平面図形なのである．

 さて，空間に斜めに浮かんでいる平面図形（ただし，その平面の法線ベクトルと z 軸のなす角を θ とする）の面積 S と，その図形を z 軸に平行な光線により xy 平面上に正射影した図形の面積 S' の間には，

$$S\cos\theta = S' \quad \cdots\cdots (*)$$

という関係が成り立つ．それゆえ，空間に斜めに位置する平面図形の面積 S が求めづらいときには，その図形を z 軸に平行な光線により xy 平面上に正射影した図形の面積 S' を求めた後に（$*$）を利用すればよい．

 また，逆に，空間に斜めに浮かんでいる平面図形の面積 S が求めやすく，xy 平面上に正射影された図形の面積 S' が求めづらいときには，面積 S を求めた後に（$*$）を利用すればよい．

［例題 4・4・1］
 図 1 のような 1 辺の長さが 3 の立方体 OABC—DEFG がある．この立方体を平面 $x+y+z=t$ $\left(0 \leqq t \leqq \dfrac{9}{2}\right)$ で切るとき，切り口の面積を求めよ．

方針 1 〈計算が大変になる方針〉
 切り口には三角形と六角形が現れるが，それらの形や各辺の長さを空間のままとらえ，面積を求める．

方針 2
 切り口の図形を z 軸に平行な光線で xy 平面に正射影した図形の面積 S' を求める．その後に，（$*$）の関係式を利用し，切り口の面積 S を求める．

[解答] 平面 $x+y+z=t$ と xy 平面のなす角 θ は，法線ベクトルがそれぞれ $(1, 1, 1)$, $(0, 0, 1)$ だから，

$$\cos\theta = \frac{(1, 1, 1)\cdot(0, 0, 1)}{\sqrt{1^2+1^2+1^2}\cdot\sqrt{0^2+0^2+1^2}} = \frac{1}{\sqrt{3}}$$

図 1

したがって，切り口の面積 S と，その xy 平面へ正射影した図形の面積 S' の間には，

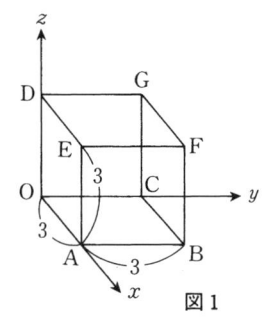

§4 正射影を利用せよ 75

が成り立つ．
$$S = \sqrt{3}\,S' \quad \cdots\cdots (*)$$

(1) $0 \le t \le 3$ のとき

切り口の図形を xy 平面に正射影した図形は，1辺の長さが t の直角二等辺三角形である（図2）．よって，その面積 S' は，
$$S' = \frac{1}{2}t^2$$

切り口の面積 S は，(*) より，$S = \dfrac{\sqrt{3}}{2}t^2$

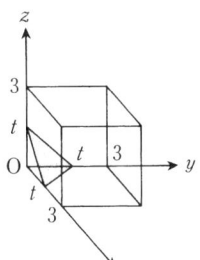

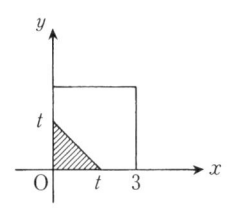

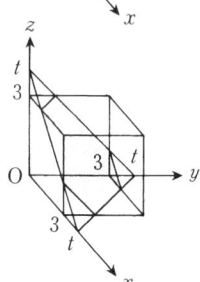

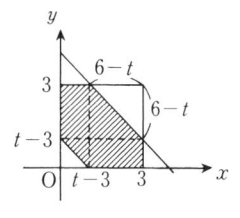

図2

図3

(2) $3 < t \le \dfrac{9}{2}$ のとき

切り口の図形を xy 平面に正射影した図形は，1辺の長さが3の正方形から1辺の長さが $(t-3)$ の直角二等辺三角形と1辺の長さが $(6-t)$ の直角二等辺三角形をとり除いた図形である（図3）．よって，その面積 S' は，
$$S' = 3^2 - \frac{1}{2}(t-3)^2 - \frac{1}{2}(6-t)^2 = -t^2 + 9t - \frac{27}{2}$$

切り口の面積 S は，(*) より，
$$S = -\sqrt{3}\left(t^2 - 9t + \frac{27}{2}\right)$$

以上より，求める面積は，

$$\left.\begin{array}{ll} \dfrac{\sqrt{3}}{2}t^2 & (0 \le t \le 3 \text{ のとき}) \\[2mm] -\sqrt{3}\left(t^2 - 9t + \dfrac{27}{2}\right) & \left(3 < t \le \dfrac{9}{2} \text{ のとき}\right) \end{array}\right\} \quad \cdots\cdots \text{(答)}$$

76　第4章　やさしいものへの帰着

〈練習　4・4・1〉

次の文の □ を埋めよ．

空間に 2 つの点 A(-1, -1, 0), B(1, 3, 0) とベクトル $\vec{a}=(1, 1, 2)$ がある．中心が A で半径が 5 の球の方程式 Q は ア□ であり，点 B を通り，ベクトル $\vec{a}$ に直交する平面 H の方程式は イ□ である．Q と H の交わりである円 C の半径は ウ□ であり，円 C の中心の座標は エ□ である．いま，円 C 上の各点から xy 平面に垂直な直線を引くとき，この直線が xy 平面と交わってできる曲線はだ円である．このだ円の長軸の長さは オ□ ，短軸の長さは カ□ である．

(成蹊大)

[解答] A($-1, -1, 0$) を中心とする半径 5 の球 Q の方程式は，
$$(x+1)^2+(y+1)^2+z^2=25$$
B($1, 3, 0$) を通り $\vec{a}=(1, 1, 2)$ に垂直な平面 H の方程式は，
$$x+y+2z-4=0 \quad \cdots\cdots ①$$
H と A との距離は
$$\frac{|-1-1-4|}{\sqrt{1+1+4}}=\sqrt{6}$$
円 C の中心を P，C 上の点を Q とすると，△APQ で，
$$PA=\sqrt{6},\ AQ=5,\ \angle P=\angle R$$
であるから，円 C の半径は
$$PQ=\sqrt{25-6}=\sqrt{19}$$
また $\vec{AP}\,/\!/\,\vec{a}$ より，$\vec{AP}=t\vec{a}$ (t は実数) と表すことができる．
$$\vec{OP}=\vec{OA}+\vec{AP}=\vec{OA}+t\vec{a}=(-1+t,\ -1+t,\ 2t)$$
P は H 上の点なので，① に代入して $t=1$ を得る．
よって，P($0, 0, 2$)．

xy 平面と平面 H との交線に平行な円 C の直径の両端を D, E，DE に垂直な円 C の直径の両端を F, G とする．D, E, F, G から xy 平面に引いた垂線と xy 平面との交点をそれぞれ D′, E′, F′, G′ とすると，D′E′ が長軸，F′G′ が短軸．

$DE=2\sqrt{19}$ より　$D'E'=2\sqrt{19}$

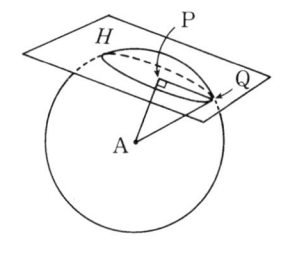

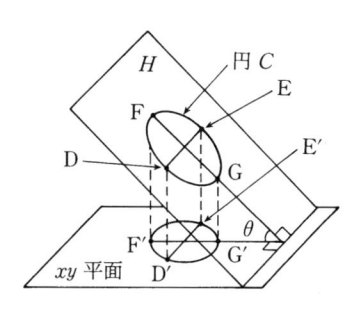

また，H と xy 平面とのなす角を θ，xy 平面の法線ベクトルを $\vec{n}=(0,0,1)$ とすると，

$$\cos\theta = \frac{\vec{a}\cdot\vec{n}}{|\vec{a}|\cdot|\vec{n}|}$$
$$= \frac{\sqrt{6}}{3}$$

したがって，

$$F'G' = FG\cos\theta$$
$$= 2\sqrt{19}\cdot\frac{\sqrt{6}}{3}$$
$$= \frac{2\sqrt{114}}{3}$$

よって，　ア．$(x+1)^2+(y+1)^2+z^2=25$
　　　　　イ．$x+y+2z-4=0$　　ウ．$\sqrt{19}$　　エ．$(0,0,2)$
　　　　　オ．$2\sqrt{19}$　　カ．$\dfrac{2\sqrt{114}}{3}$　　……（答）

§5 変数の導入を工夫せよ

文章題では，変数の選び方によりその後の計算が簡単にもなり，複雑にもなる．例えば，

「半径 a の球に内接する直円すいのなかで，体積が最大のものを求めよ.」

という問題を考える．円すいの底面の半径を x とすると，円すいの高さは，

$$a+\sqrt{a^2-x^2}$$

となるから円すいの体積は，

$$V=\frac{1}{3}\pi x^2(a+\sqrt{a^2-x^2}) \quad (図1)$$

ところがこれとは別に，球の中心と円すいの底面との距離を x とすると，円すいの体積は

$$V=\frac{1}{3}\pi(a^2-x^2)(a+x) \quad (図2)$$

と表せる．

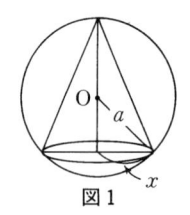

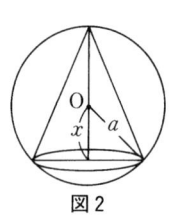

図1　図2

前者はルートを含むが，後者は簡単な整式なので，その後の計算は後者のほうがはるかに楽で，ミスが入りこむチャンスも減る．

このように，変数を自分で導入するときは，簡単な関数が得られるように工夫すべきである．

§5 変数の導入を工夫せよ　79

[例題 4・5・1]

　平面上に直線 l があり，l 上に中心をもち，半径がそれぞれ a, b である円 C_1, C_2 が点 O で互いに外接している．このとき，円 C_1, C_2 の周上に，それぞれ動点 P, Q を l に関して同じ側にとる．
　P, Q を任意に動かすとき，三角形 POQ の面積の最大値を求めよ．

方針　1　〈計算が大変になる方針〉

　円 C_1, C_2 の中心をそれぞれ O_1, O_2 とするとき，$\angle POO_1 = \varphi$, $\angle QOO_2 = \psi$ として，$\triangle POQ$ の面積を 2 変数関数で表す（図 1）．

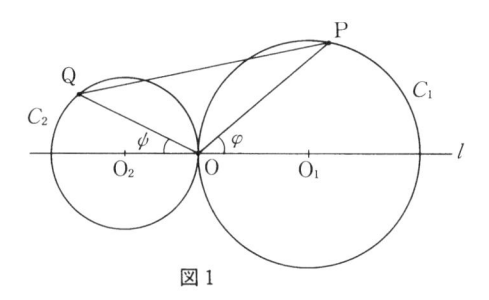

図 1

方針　2

　円 C_1 上に点 P を固定したとき，$\triangle POQ$ の面積 S を最大にする点 Q の位置を考える．

$$S = \frac{1}{2} \times OP \times (\text{直線 OP と点 Q の距離})$$

であるから，直線 OP と点 Q の距離が最大となるとき，S は最大値をとる．
　点 Q から直線 OP に下ろした垂線の足を R とする．直線 OP と点 Q の距離（$=QR$）が最大となるのは，図 2 より QR が円 C_2 の中心 O_2 を通るときである．

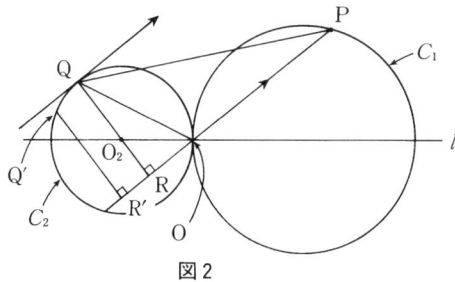

図 2

このとき，円 C_1 の中心を O_1，$\angle POO_1 = \theta \left(0 < \theta < \dfrac{\pi}{2}\right)$ とおくと（図 3），

$$OP = 2a\cos\theta$$
$$QR = QO_2 + O_2R = b + b\sin\theta$$

したがって，△POQ の面積を 1 変数関数で表すことができる．

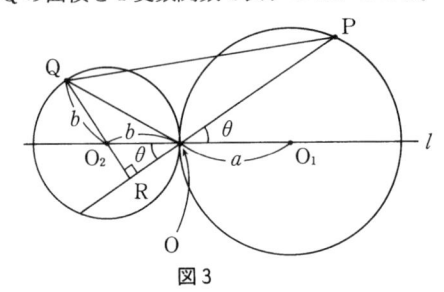

図 3

[解答] 〈方針 2〉より，

$$S = \frac{1}{2} \times 2a\cos\theta \times (b + b\sin\theta)$$
$$= ab\cos\theta(1 + \sin\theta)$$

ここで $f(\theta) = \cos\theta(1+\sin\theta)$ とおくと

$$S = abf(\theta) \qquad \cdots\cdots (*)$$

$f(\theta)$ を微分して増減を調べると，

$$f'(\theta) = -\sin\theta(1+\sin\theta) + \cos\theta\cos\theta$$
$$= -(2\sin\theta - 1)(\sin\theta + 1)$$

←三角関数の微分は
微分・積分の範囲

これより，$0 < \theta < \dfrac{\pi}{2}$ において下の増減表を得る．

θ	0	$\cdots$	$\dfrac{\pi}{6}$	$\cdots$	$\dfrac{\pi}{2}$
$f'(\theta)$		+	0	−	
$f(\theta)$		↗	極大	↘	

よって，$f(\theta)$ は，$\theta = \dfrac{\pi}{6}$ のとき極大値かつ最大値

$$f\left(\frac{\pi}{6}\right) = \frac{3\sqrt{3}}{4}$$

をとる．ゆえに，△POQ の面積 S の最大値は，(*) より，

$$S = \frac{3\sqrt{3}}{4}ab \quad \cdots\cdots （答）$$

[コメント] 〈方針 1〉にしたがって解答をつくるとき，結果的に〈方針 2〉に帰着することもできる．すなわち，図形的考察をすることにより，計算量を減らすことができるのである．

§5 変数の導入を工夫せよ

〈練習 4・5・1〉

一つの円 C に対して次の設問に答えよ.

(1) C の一本の弦を S とする.S を一辺とし,C に内接する三角形で,面積が最大となるものは二等辺三角形であることを示せ.

(2) C に内接する三角形で面積が最大なものは正三角形であることを示せ.

(順天堂大)

[解答] (1) 弦 S を固定し,AB とする.円 C に内接する△PAB の P から弦 AB へ下ろした垂線を PH とすると,

$$\text{面積} \quad S(\mathrm{P}) = \frac{1}{2} \overline{\mathrm{PH}} \cdot \overline{\mathrm{AB}}$$

$S(\mathrm{P})$ が最大となるのは,高さ $\overline{\mathrm{PH}}$ が最大になるときに起こる.

AB に平行な円 C の接線 l,l' の接点をそれぞれ T,T′ とし,図において $\overline{\mathrm{DT}} \geqq \overline{\mathrm{DT}'}$ と仮定すれば P=T のときに $\overline{\mathrm{PH}}$ は最大となる.

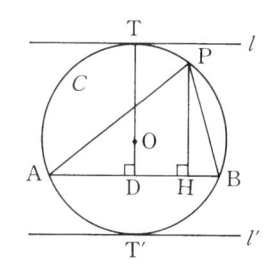

$l /\!/$ AB,OT$\perp l$ だから OT$\perp$AB.したがって直線 OT は弦 AB の垂直二等分線となる.ゆえに△TAB は TA=TB なる二等辺三角形である.

(2) 三角形は(1)により二等辺三角形としてよい.T を定点とし,T を頂点とする二等辺三角形 TPQ の頂角を θ,面積を $S(\theta)$ とすると,$0 < \theta < \pi$,

$$S(\theta) = \frac{1}{2} \overline{\mathrm{TP}}^2 \cdot \sin \theta$$

$$= \frac{1}{2} \left(2r \cos \frac{\theta}{2} \right)^2 \sin \theta = 2r^2 \cos^2 \frac{\theta}{2} \sin \theta$$

$$= r^2 (1 + \cos \theta) \sin \theta$$

$$S'(\theta) = r^2 \{-\sin \theta \cdot \sin \theta + (1 + \cos \theta) \cos \theta\} = r^2 (2\cos^2 \theta + \cos \theta - 1)$$

$$\therefore \quad S'(\theta) = r^2 (\cos \theta + 1)(2\cos \theta - 1)$$

$0 < \theta < \pi$ より,$\cos \theta + 1 > 0$ また $S'\left(\dfrac{\pi}{3}\right) = 0$ であるから次の増減表を得る.

θ	0	$\cdots$	$\dfrac{\pi}{3}$	$\cdots$	π
$S'(\theta)$		+	0	−	
$S(\theta)$		↗	極大	↘	

これより $\theta = \dfrac{\pi}{3}$ のとき面積 S は最大となる.

したがって,面積が最大となる内接三角形は正三角である.

§6 相加・相乗平均の関係を利用せよ

この節で，学ぶことは，$y=f(x)$ の最大値や最小値を求める問題を，"相加・相乗平均の関係を用いて解く方法"である．相加・相乗平均の関係は高校数学のいろいろな所で重要な役割りを果たしている．そこで相加・相乗平均の関係に関する基本的事項を以下に解説する．

〈相加・相乗平均の関係の一般化〉

$i=1, 2, \cdots, n$ に対して，各 x_i を正数とする．
このとき，次の不等式が成り立つ：

$$\frac{x_1+x_2+\cdots\cdots+x_n}{n} \geq \sqrt[n]{x_1 x_2 \cdots\cdots x_n}$$

(ただし，等号が成立するのは，$x_1=x_2=\cdots\cdots=x_n$ のときに限る)

左辺の $\dfrac{x_1+x_2\cdots\cdots+x_n}{n}$ を $x_1, x_2, \cdots, x_n$ の **相加平均**，右辺の $\sqrt[n]{x_1 x_2 \cdots\cdots x_n}$ を $x_1, x_2, \cdots, x_n$ の **相乗平均** という．

とくに次の $n=2, 3, 4$ の場合が重要である．
$a>0, b>0, c>0, d>0$ に対して，

$$\frac{a+b}{2} \geq \sqrt{ab} \quad (\text{等号成立は } a=b \text{ のときに限る})$$

$$\frac{a+b+c}{3} \geq \sqrt[3]{abc} \quad (\text{等号成立は } a=b=c \text{ のときに限る})$$

$$\frac{a+b+c+d}{4} \geq \sqrt[4]{abcd} \quad (\text{等号成立は } a=b=c=d \text{ のときに限る})$$

〈相加・相乗平均の関係を用いるときの注意事項〉

相加・相乗平均の関係を用いて最小値や最大値を求める際に注意しなければならないのは，主に次の3点である．

(i) 正数に関してしか，相加・相乗平均の関係を使うことはできない．
(ii) 相乗平均(または相加平均)が定数となるように相加平均(または相乗平均)の形を変形する．
(iii) 等号が成立するような変数の値が(変域内に)存在するか否かをチェックする．

§6 相加・相乗平均の関係を利用せよ　83

[例題 4・6・1]
　アメリカのある船便で直方体の荷物を運ぶとき，最も長い辺の長さを l とし，それに直交する面の周囲の長さを m とすると，$l+m$ が一定値 M 以下でなければならないという．この船便で運ぶことのできる直方体の荷物の体積の最大値を求めよ．

方針 1 〈計算が大変になる方針〉
　直方体の荷物の体積を表す関数を微分して増減を調べ，最大値を求める．

方針 2
　相加・相乗平均の関係を利用する．

解答　最も長い辺と直交する面の2辺の長さを x, y とおく（図1）．このとき，
$$m = 2x + 2y$$
であり，最も長い辺の長さが l であるから，
$$0 < x \leq l, \quad 0 < y \leq l \quad \cdots\cdots ①$$
が成り立つ．

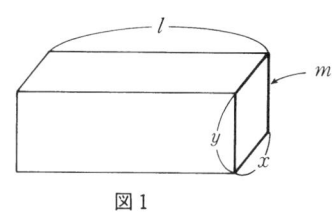

図1

　また，$l + m$ が一定値 M 以下でなければならないから，
$$l + m \leq M$$
$$\iff l + 2x + 2y \leq M \quad \cdots\cdots ②$$
が成り立つ．
　この直方体の体積を V とおくと，
$$V = lxy \quad \cdots\cdots ③$$
不等式①，②のもとに，関数③で表される V の最大値を求めればよい．
　ここで，(3変数 l, x, y が，すべて正の数であるから) 相加・相乗平均の関係より，
$$M \geq l + 2x + 2y \quad (② より)$$
$$\geq 3 \cdot \sqrt[3]{l \cdot 2x \cdot 2y} = 3 \cdot \sqrt[3]{4lxy}$$
$$= 3 \cdot \sqrt[3]{4V} \quad (③ より)$$
よって，$V \leq \left(\dfrac{M}{3}\right)^3 \cdot \dfrac{1}{4} = \dfrac{M^3}{108}$

等号が成立するのは，(相加平均)＝(相乗平均) および②の等号が成立するときで，
$$l = 2x = 2y = \dfrac{M}{3} \iff l = \dfrac{M}{3}, \quad x = y = \dfrac{M}{6}$$
この値は，不等式①を満している．よって，V の最大値は，
$$\dfrac{M^3}{108} \quad \cdots\cdots (答)$$

第4章 やさしいものへの帰着

〈練習 4・6・1〉
$y = x^2 + \dfrac{4}{x}$ $(x>1)$ の最小値を求めよ.

[解答] 次の解答は前述の§6の序文の(iii)を無視した解答である.

〈まちがった解答〉

$x>1$ だから,$x^2, \dfrac{1}{x}, \dfrac{3}{x}$ はすべて正

よって,$y = x^2 + \dfrac{4}{x} = x^2 + \dfrac{1}{x} + \dfrac{3}{x}$

と相乗平均が定数となるように変形して,相加・相乗平均の関係を用いると,

$$\dfrac{1}{3}\left(x^2 + \dfrac{1}{x} + \dfrac{3}{x}\right) \geq \sqrt[3]{x^2 \cdot \dfrac{1}{x} \cdot \dfrac{3}{x}} = \sqrt[3]{3}$$

よって,$y \geq 3\sqrt[3]{3}$

ゆえに,y の最小値は $3\sqrt[3]{3}$ ……(答)

では,上の解答の波線部の不等式において,等号が成立するような変数の値が存在するか否かをチェックして,この解答が誤りであることを確認しよう.

等号が成り立つのは,$x^2 = \dfrac{1}{x} = \dfrac{3}{x}$ のときに限る.まず,$x^2 = \dfrac{1}{x}$ より $x^3 = 1$.ゆえに,x の実数値は 1 で,これは $x>1$ に反する.また,$\dfrac{1}{x} = \dfrac{3}{x}$ を満たす x の値はない.よって,$x^2 = \dfrac{1}{x} = \dfrac{3}{x}$ が成り立つような x の値は存在しない.したがって,等式 $y = 3\sqrt[3]{3}$ が成り立つとはいえない.すなわち,y の最小値が $3\sqrt[3]{3}$ とはいえないのである.

この問題を〝相加・相乗平均の関係〟を用いてスムーズに解決するためには,相乗平均が定数となり,かつ,等号が成り立つような変数 x の値が存在するように $x^2 + \dfrac{4}{x}$ を変形しなければならない.

[解答] $y = x^2 + \dfrac{4}{x} = x^2 + \dfrac{2}{x} + \dfrac{2}{x}$

よって,$\dfrac{1}{3}\left(x^2 + \dfrac{2}{x} + \dfrac{2}{x}\right) \geq \sqrt[3]{x^2 \cdot \dfrac{2}{x} \cdot \dfrac{2}{x}} = \sqrt[3]{4}$

等号が成立するのは,$x^2 = \dfrac{2}{x} = \dfrac{2}{x}$ つまり,$x^3 = 2$ のときのみ.

∴ $x = \sqrt[3]{2}$ (>1)

よって,$x = \sqrt[3]{2}$ のとき,y は最小で,

最小値は $3\sqrt[3]{4}$ ……(答)

┌─ **〈練習 4・6・2〉** ─────────────────────
│ xy 平面上の 2 曲線 $C_1: y=ax^3(1-x)$, $C_2: y=bx(1-x)$ (a, b は 0 でない
│ 定数)の点 $(1, 0)$ における接線をそれぞれ l_1, l_2 とする.l_1, l_2 が直交すると
│ き,次の問いに答えよ.
│ (1) l_1 の方程式を a を用いて表せ.　　(2) b を a を用いて表せ.
│ (3) $a>0$ のとき,C_1 と C_2 で囲まれる部分の面積 S を a を用いて表せ.
│ (4) $a>0$ のとき,S の最小値とそのときの a の値を求めよ.　　(千葉工大)
└──────────────────────────────

[解答] (1) $y'=3ax^2-4ax^3$ に $x=1$ を代入して
$$y'=-a$$
よって,l_1 の方程式は
$$y=-a(x-1)$$
$$\therefore \boldsymbol{y=-ax+a} \quad \cdots\cdots (答)$$

(2) (1)と同様にして l_2 の方程式を求めると
$$y=-b(x-1)$$
$l_1 \perp l_2$ より,
$$(-a)\times(-b)=-1$$
$$\therefore \boldsymbol{b=-\dfrac{1}{a}} \quad \cdots\cdots (答)$$

(3) $S=\displaystyle\int_0^1 \{ax^3(1-x)-bx(1-x)\}dx$
$\quad =\left[-\dfrac{a}{5}x^5+\dfrac{a}{4}x^4+\dfrac{b}{3}x^3-\dfrac{b}{2}x^2\right]_0^1=\dfrac{a}{20}-\dfrac{b}{6}$

(2)の結果を代入して,
$$S=\dfrac{a}{20}-\dfrac{1}{6}\times\left(-\dfrac{1}{a}\right)=\boldsymbol{\dfrac{a}{20}+\dfrac{1}{6a}} \quad \cdots\cdots (答)$$

(4) $a>0$ だから相加平均と相乗平均の関係から導
かれる関係式
$$x+y\geqq 2\sqrt{xy} \quad (x\geqq 0,\ y\geqq 0,\ 等号は\ x=y)$$
によって,
$$\dfrac{a}{20}+\dfrac{1}{6a}\geqq 2\sqrt{\dfrac{a}{20}\times\dfrac{1}{6a}}=\dfrac{\sqrt{30}}{30}$$
等号は,$\dfrac{a}{20}=\dfrac{1}{6a}$,$a>0$ から $a=\dfrac{\sqrt{30}}{3}$

ゆえに $\boldsymbol{a=\dfrac{\sqrt{30}}{3}}$ のとき最小値 $\boldsymbol{\dfrac{\sqrt{30}}{30}}$ 　　$\cdots\cdots (答)$

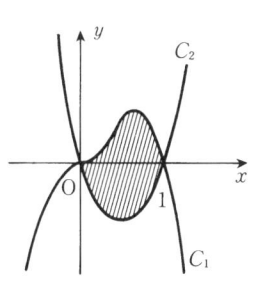

〈練習 4・6・3〉

関数 $f(x)=\dfrac{x^2+6x+21}{x+3}$ $(x>-3)$ の最小値と，最小値を与える x の値を求めよ．

解答

$$f(x)=\dfrac{x^2+6x+21}{x+3}$$
$$=x+3+\dfrac{12}{x+3}$$

$x+3>0$ なので，相加・相乗平均の関係より，

$$f(x)\geqq 2\sqrt{(x+3)\cdot\dfrac{12}{x+3}}$$
$$=2\sqrt{12}=4\sqrt{3}$$

等号が成立するのは，

$$x+3=\dfrac{12}{x+3}$$
$$\iff x^2+6x-3=0$$
$$\iff x=-3\pm\sqrt{12}$$
$$\therefore\ x=-3+\sqrt{12}\quad (\text{ただし，}x>-3)$$

のときである．

よって，求める最小値と，最小値を与える x の値は，

$$(\text{最小値})=\mathbf{4\sqrt{3}}\quad (x=\mathbf{-3+\sqrt{12}})\quad \cdots\cdots(\text{答})$$

(注) 分数関数が与えられたときは，分母と分子の次数に注目し，相加・相乗平均の関係を利用することができるか否か調べるべきである．

いきなり，$f(x)$ を微分し増減を調べるより計算の手数を減らすことができる．

§6 相加・相乗平均の関係を利用せよ

━━━〈練習 4・6・4〉━━━
縦 1.4 m の絵が垂直な壁にかかっていて，絵の下端が目の高さより 1.8 m 上の位置にある．この絵を縦方向に見込む角が最大となる位置は壁から何 m のところか．

【方針】
上手に変形して，相加・相乗平均の関係が利用できる形にもち込む解法と，見込む角一定なる動点は同一円周上にあるという幾何学的考察による解法が考えられる．

【解答】（相加・相乗平均の関係を用いた解法）
壁から x (m) 離れた位置からの見込む角を θ とする．図1のように，α, β をとると，

$$\tan\alpha = \frac{3.2}{x}$$

$$\tan\beta = \frac{1.8}{x}$$

である（図1）．

図1

$$\begin{aligned}
\tan\theta &= \tan(\alpha - \beta) \\
&= \frac{\tan\alpha - \tan\beta}{1 + \tan\alpha\tan\beta} \\
&= \frac{\dfrac{3.2}{x} - \dfrac{1.8}{x}}{1 + \dfrac{3.2}{x} \times \dfrac{1.8}{x}} \quad \cdots\cdots (*) \\
&= \frac{1.4}{x + \dfrac{3.2 \times 1.8}{x}} \quad \cdots\cdots (**) \\
&\leq \frac{1.4}{2\sqrt{x \cdot \dfrac{3.2 \times 1.8}{x}}} \\
&= \frac{1.4}{2\sqrt{3.2 \times 1.8}}
\end{aligned}$$

等号が成立するのは，

$$x = \frac{3.2 \times 1.8}{x} \iff x^2 = 3.2 \times 1.8$$

$$\therefore \quad x = 2.4$$

のときである．

よって，壁から，

2.4 (m) ……（答）

のところで見込む角は最大になる．

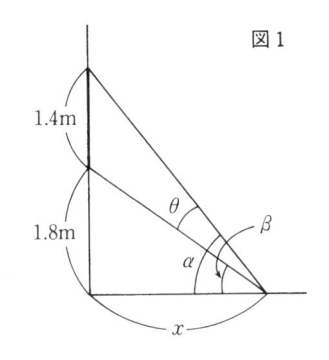

(注) x の関数(∗)は，
$$f(x) = \frac{1.4x}{x^2 + 3.2 \times 1.8}$$
の形をしている．

このままの形では相加・相乗平均の関係を利用することはできないので，(∗)を(∗∗)の形に，偶然ではなく，必然性をもたせて変形することがポイントである．

相加・相乗平均の関係を利用すると，$f(x)$ を直接，微分し増減を調べるより，計算が容易になり，かつ，計算まちがいを犯す危険性が減る．

ゆえに，分数関数が与えられたときは，分母と分子の次数に注目し，相加・相乗平均の関係を利用できるか否か調べるべきである．

第5章　置き換えや変形の工夫

§1　先を見越した式の変形をせよ

"$\alpha+\beta=3$, $\alpha\beta=4$ であるとき，$\alpha^3+\beta^3$ の値を求めよ"という問題に出会ったら，諸君は次のように $\alpha^3+\beta^3$ を $\alpha+\beta$ と $\alpha\beta$ がブロックになるように，まず変形し，

$$\alpha^3+\beta^3=(\alpha+\beta)(\alpha^2-\alpha\beta+\beta^2)$$
$$=(\alpha+\beta)\{(\alpha+\beta)^2-3\alpha\beta\}$$

次に，$\alpha+\beta=3$, $\alpha\beta=4$ を代入して，

$$\alpha^3+\beta^3=3\cdot(3^2-3\cdot4)=-9$$

と答えを導くだろう．

これと同様に何かを計算するときには，条件として与えられている式や，題意から導いた関係式を利用することを常に考え，そうするためにはどのようなブロックに変形（または分解）すれば都合がよいかを見定めてから計算をはじめるとよい．

[例題　5・1・1]
　　点 $P(\alpha, \beta)$ から直線 $l: ax+by+c=0$ に至る距離 d を求めよ．

[方針]　1　〈計算が大変な方針〉

　点 P を通り直線 l に垂直な直線 l' の方程式を求め，直線 l との交点 H の座標を具体的に求める．その後に，2点 P, H の距離 d を求める．

[方針]　2

　点 P と直線 l の関係は図1のようになる．点 P を通り直線 l に垂直な直線を l' と l の交点を H とする．H の座標を (x, y) とおくと，

$$d^2=(x-\alpha)^2+(y-\beta)^2 \quad \cdots\cdots(\text{☆})$$

(☆)の右辺 "$x-\alpha$" というブロックと，"$y-\beta$" というブロックから構成されている．この事実を尊重しながら式の変形をして，計算を避ける．

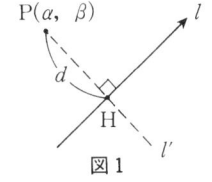

図1

[解答]　(方針2による解答)

　点 $P(\alpha, \beta)$ を通り直線 l と直交する直線 l' は，

$$l': b(x-\alpha)-a(y-\beta)=0 \quad \cdots\cdots ①$$

一方，もとの直線 l もこの方針で，変形して，
$$l: a(x-\alpha)+b(y-\beta)=-(a\alpha+b\beta+c) \quad \cdots\cdots ②$$

① と ② の交点を $H(x, y)$ とする．〔ここで，① と ② を連立して，$H(x, y)$ を具体的に計算してはいけない．前述の式（☆）の右辺をつくるために，$①^2+②^2$ とすればよいことを読み取れ！〕

$①^2+②^2$ より，
$$(a^2+b^2)\{(x-\alpha)^2+(y-\beta)^2\}$$
$$=(a\alpha+b\beta+c)^2 \quad \cdots\cdots ③$$

③ より
$$d^2=PH^2$$
$$=(x-\alpha)^2+(y-\beta)^2$$
$$=\frac{(a\alpha+b\beta+c)^2}{a^2+b^2}$$

ゆえに，
$$d=\frac{|a\alpha+b\beta+c|}{\sqrt{a^2+b^2}} \quad \cdots\cdots (答)$$

[コメント] この式は「平面のヘッセの公式」とよばれ，点と直線の距離を求める際に有効である．「空間のヘッセの公式」とともに，記憶しておくようにせよ．

● 平面のヘッセの公式（点と直線の距離を求める公式）

点 (x_1, y_1) と直線 $ax+by+c=0$ の距離は
$$\frac{|ax_1+by_1+c|}{\sqrt{a^2+b^2}}$$

● 空間のヘッセの公式（点と平面の距離を求める公式）

点 (x_1, y_1, z_1) と平面 $ax+by+cz+d=0$ の距離は
$$\frac{|ax_1+by_1+cz_1+d|}{\sqrt{a^2+b^2+c^2}}$$

§1 先を見越した式の変形をせよ　91

┌─ 〈練習　5・1・1〉 ─────────────────────────┐
　$-\infty < x < \infty$ で連続な関数 $f(x)$ が次の 2 つの条件を満たす；
$$f(x+y)=f(x)\sqrt{1+\{f(y)\}^2}+f(y)\sqrt{1+\{f(x)\}^2} \quad \cdots\cdots ①$$
$$\lim_{x \to 0}\frac{f(x)}{x}=1 \quad \cdots\cdots ②$$
このとき，$f(x)$ は微分可能であることを示せ．

(武蔵工大)
└──────────────────────────────────┘

[方針]

微分可能性の定義の式にもち込めるように意図的に ① を式変形する．
その後，条件 ②
$$\lim_{x \to 0}\frac{f(x)}{x}=1$$
が使える工夫をした変形を考える．

[解答]
$$f(x+y)=f(x)\sqrt{1+\{f(y)\}^2}+f(y)\sqrt{1+\{f(x)\}^2} \quad \cdots\cdots ③$$
であるから，$y=h\,(\neq 0)$ とし，③ の両辺から $f(x)$ を引いて，
$$f(x+h)-f(x)=f(x)\{\sqrt{1+\{f(h)\}^2}-1\}+f(h)\sqrt{1+\{f(x)\}^2}$$
これを，平均変化率と $\left\{\dfrac{f(h)}{h}\right\}$ の形が現れるように変形して，
$$\frac{f(x+h)-f(x)}{h}=f(x)\frac{\sqrt{1+\{f(h)\}^2}-1}{h}+\frac{f(h)}{h}\sqrt{1+\{f(x)\}^2}$$
$$=f(x)\left\{\frac{f(h)}{h}\right\}^2\frac{h}{\sqrt{1+\{f(h)\}^2}+1}+\frac{f(h)}{h}\sqrt{1+\{f(x)\}^2}$$
よって，$\displaystyle\lim_{h \to 0}\frac{f(h)}{h}=1$ であることから，
$$\lim_{h \to 0}\frac{f(x+h)-f(x)}{h}=\sqrt{1+\{f(x)\}^2}$$
したがって，任意の x に対して，$\displaystyle\lim_{h \to 0}\frac{f(x+h)-f(x)}{h}$ が存在するので，$f(x)$ は微分可能である．

(補足)

この条件を満たす関数 $f(x)$ は
$$f(x)=\frac{e^x-e^{-x}}{2}$$
であることが，微分方程式を解くことによってわかる．

§2 ブロックごとに置き換えよ

関数 $h(x)$ が2つの関数 $f(x)$, $g(x)$ の合成関数であるとき，$g(x)=t$ と置き換えることにより，簡単な整式に帰着させることができる場合がある．

具体例として，次の2つの問題を解いてみよう．

問題1：「次の方程式を解け．

$$e^{2x}-6e^x+11-6e^{-x}=0」 \quad \leftarrow e は無理数で，e=2.7182\cdots$$

与えられた方程式の左辺は

$$f(x)=x^2-6x+11-\frac{6}{x}$$

$$g(x)=e^x$$

の合成関数 $f \circ g(x)$ とみることができる．したがって，少し目先の利く人ならば，当然，$e^x=t$ と置き換えて，次のようにあっさりと処理するであろう．

$$(与式) \iff t^2-6t+11-6t^{-1}=0$$

両辺に t をかけて

$$\iff t^3-6t^2+11t-6=0$$
$$\iff (t-1)(t-2)(t-3)=0$$
$$\iff t=1,\ 2,\ 3 \quad (t=e^x>0 \text{ より})$$
$$\iff e^x=1,\ 2,\ 3$$
$$\iff x=0,\ \log 2\ (=\log_e 2),\ \log 3\ (=\log_e 3) \quad \cdots\cdots (答)$$

置き換えをせずに，与式をそのまま処理しようとすると，できないことはないが，計算の見通しが悪い．

問題2：「次の方程式を解け．

$$\{(x-2)^2-3\}^2+2(x-2)^2-5=0」$$

与えられた方程式の左辺は，$f(x)=x^2+2x+1$ と $g(x)=(x-2)^2-3$ の合成関数 $f \circ g(x)$ とみることができる．そこでわざわざ与式を展開してから解くのではなく，$(x-2)^2-3$ をひとつのブロック（かたまり）としてとらえ，$(x-2)^2-3=X$ と置き換えて次のように解けばよい．

$$\{(x-2)^2-3\}^2+2(x-2)^2-5=0$$
$$\iff \{(x-2)^2-3\}^2+2\{(x-2)^2-3\}+1=0$$
$$\iff X^2+2X+1=0$$
$$\iff (X+1)^2=0$$
$$\iff X+1=\{(x-2)^2-3\}+1=0$$

$\iff (x-2)^2 = 2$

$\iff x = 2 \pm \sqrt{2}$ ……(答)

このように，スムーズに解を得ることができる．

また，合成関数 $h(x) = f \circ g(x) = f(g(x))$ の最大値や最小値を求める問題は，$h(x)$ の増減を直接調べるのではなく，『$g(x)$ の値域が $f(x)$ の変域となる．』ことに注意し，その範囲での $f(x)$ の増減を調べればよい．

[例題 5・2・1]
　$-3 \leqq x \leqq 3$ なる変域のもとで，$y = (|x-2|-5)^2 + 6(|x-2|-5) + 8$ の最大値・最小値を求めよ．

方針 1 〈計算が大変な方針〉

与式をそのまま展開して計算して解く解答．

解答

$y = (|x-2|-5)^2 + 6(|x-2|-5) + 8$
 $= (x-2)^2 - 10|x-2|$
 　　$+ 25 + 6|x-2| - 30 + 8$
 $= (x-2)^2 - 4|x-2| + 3$
 $= x^2 - 4x + 7 - 4|x-2|$

(ⅰ) $2 \leqq x \leqq 3$ のとき：
 $y = x^2 - 4x + 7 - 4(x-2)$
 　$= x^2 - 8x + 15$
 　$= (x-4)^2 - 1$

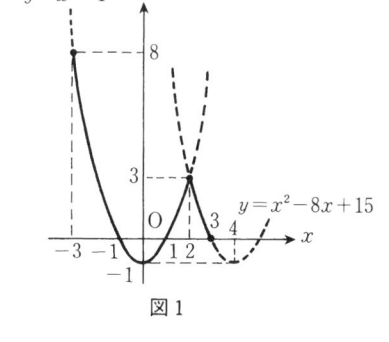

(ⅱ) $-3 \leqq x \leqq 2$ のとき：
 $y = x^2 - 4x + 7 + 4(x-2)$
 　$= x^2 - 1$

したがって，(ⅰ)，(ⅱ) より，$-3 \leqq x \leqq 3$ のとき図1のグラフを得る．

グラフより，$\begin{array}{l} y \text{ の最大値　} 8 \\ y \text{ の最小値　} -1 \end{array} \Big\}$ ……(答)

図1

方針 2

$(|x-2|-5)$ をひとつのブロックとみなして，$|x-2|-5 = t$ と置き換えた後に議論を進める．（〈方針1〉の解答と〈方針2〉の解答とを見比べて計算の見通しや手間数の差を確認せよ．）

[解答] $|x-2|-5=t$ とおくと，
$-3 \leqq x \leqq 3$ のとき図2より t の変域は
$$-5 \leqq t \leqq 0 \quad \cdots\cdots ①$$
$$\begin{aligned}y &= (|x-2|-5)^2 + 6(|x-2|-5) + 8 \\ &= t^2 + 6t + 8 \\ &= (t+3)^2 - 1 \quad \cdots\cdots ②\end{aligned}$$
①，② より次のグラフを得る(図3)．
グラフより，
$$\left.\begin{array}{l} y\text{ の最大値} \quad 8 \\ y\text{ の最小値} \quad -1 \end{array}\right\} \quad \cdots\cdots \text{(答)}$$

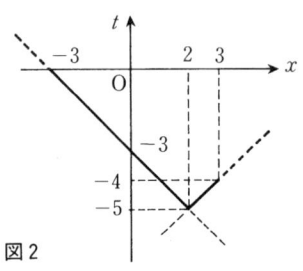

図2

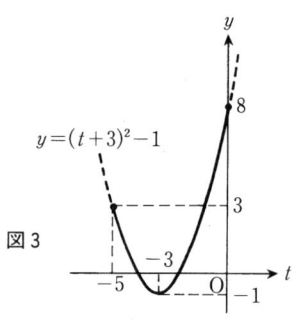

図3

〈練習 5・2・1〉

$f(x) = x^2 - 2x - 1$ とおくとき，$0 \leqq x \leqq 3$ において，$f\{f\{f(x)\}\}$ の最大値と最小値を求めよ．

[解答] $f(x) = (x-1)^2 - 2$
$y = f(x)$ のグラフは図4のようになる．
$0 \leqq x \leqq 3$ において，$f(x)$ の変域は，
$$-2 \leqq f(x) \leqq 2$$
$f(x) = y$ とおくと，
$$f\{f\{f(x)\}\} = f\{f(y)\}, \quad -2 \leqq y \leqq 2$$
このとき，$f(y)$ の変域は，
$$-2 \leqq f(y) \leqq 7$$
$f(y) = z$ とおくと，
$$f\{f(y)\} = f(z), \quad -2 \leqq z \leqq 7$$
このとき，$f(z)$ の変域は，
$$-2 \leqq f(z) \leqq 34$$
したがって，
$$\left.\begin{array}{l} \text{最大値} \quad 34 \\ \text{最小値} \quad -2 \end{array}\right\} \quad \cdots\cdots \text{(答)}$$

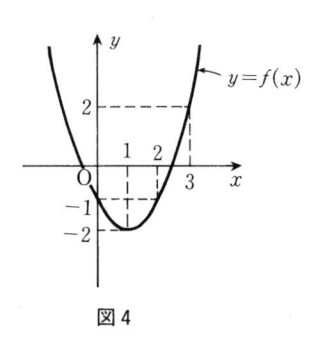

図4

§2 ブロックごとに置き換えよ

〈練習 5・2・2〉

a, b, c は正の定数，x は正の値をとる変数とする．
$$M=\frac{a+b+c+x}{4}, \quad G=\sqrt[4]{abcx}$$
として，$M-G$ を最小にする x を求めよ．

方針 1 〈計算が大変な方針〉

$$M-G=\frac{a+b+c+x}{4}-\sqrt[4]{abcx} \equiv f(x)$$

$f(x)$ は無理関数 $\sqrt[4]{x}$ を含む関数であるが，そのままの形で微分して増減を調べる．

方針 2

$$\sqrt[4]{x}=t \iff x=t^4, \quad t \geq 0$$

と置き換えると，

$$M-G=\frac{t^4}{4}-\sqrt[4]{abc}\cdot t+\frac{a+b+c}{4} \equiv F(t)$$

$F(t)$ は t の 4 次関数である．無理関数の微分より，整関数の微分のほうが容易である．

解答 $F(t)$ の増減を調べる．

$$F'(t)=t^3-\sqrt[4]{abc}=t^3-(\sqrt[12]{abc})^3$$
$$=(t-\sqrt[12]{abc})(t^2+\sqrt[12]{abc}\,t+\sqrt[6]{abc})$$
$$(\because \quad a^3-b^3=(a-b)(a^2+ab+b^2))$$

よって，次の増減表を得る．

t	0	$\cdots$	$\sqrt[12]{abc}$	$\cdots$
$F'(t)$		$-$	0	$+$
$F(t)$		↘	極小	↗

これより，$F(t)=M-G$ が最小になるのは，$t=\sqrt[12]{abc}$ のときであり，これは，$x=(\sqrt[12]{abc})^4=\sqrt[3]{abc}$ のときである．

$$x=\sqrt[3]{abc} \quad \cdots\cdots \text{(答)}$$

〈練習 5・2・3〉

x は 0 以外のすべての実数をとるものとする。

(1) $x+\dfrac{1}{x}$ のとる値の範囲を求めよ。

(2) $x^3-x^2+x+\dfrac{1}{x}-\dfrac{1}{x^2}+\dfrac{1}{x^3}$ のとる値の範囲を求めよ。

(お茶の水女子大)

[解答] (1) $x+\dfrac{1}{x}=X$ とおく。

$$x^2-Xx+1=0 \quad (x \neq 0)$$

x が実数となる条件は、判別式 $=X^2-4\geqq 0$

$$X\geqq 2 \text{ または } X\leqq -2$$

すなわち、

$$x+\dfrac{1}{x}\geqq 2 \text{ または } x+\dfrac{1}{x}\leqq -2 \quad \cdots\cdots \text{(答)}$$

(2) $f(x)=x^3-x^2+x+\dfrac{1}{x}-\dfrac{1}{x^2}+\dfrac{1}{x^3}$ とおく。

$$f(x)=\left(x^3+\dfrac{1}{x^3}\right)-\left(x^2+\dfrac{1}{x^2}\right)+\left(x+\dfrac{1}{x}\right)$$
$$=\left(x+\dfrac{1}{x}\right)^3-\left(x+\dfrac{1}{x}\right)^2-2\left(x+\dfrac{1}{x}\right)+2$$

$X=x+\dfrac{1}{x}$ とおくと、$f(x)=F(X)=X^3-X^2-2X+2$

$F'(X)=3X^2-2X-2$ の対称軸は $X=\dfrac{1}{3}$ にあり、

$$F'(-2)=14>0, \quad F'(2)=6>0$$

よって $X\leqq -2$, $X\geqq 2$ で $F'(X)>0$. ゆえに $F(X)$ は単調増加。

$X\to -\infty$ で $F(X)\to -\infty$, $X\to +\infty$ で $F(X)\to +\infty$

$$F(-2)=-6, \quad F(2)=2$$

$$\therefore \; \boldsymbol{f(x)\leqq -6 \text{ または } f(x)\geqq 2} \quad \cdots\cdots \text{(答)}$$

§3　円やだ円は極座標で置き換えよ

"$x^2+y^2=1$　……①　という方程式は，xy 平面上でどんな図形を表す方程式か".

① は諸君におなじみの"半径を1，原点を中心とする円の方程式"である．円やだ円は，角度を表す変数 θ を用いて極座標で表すと便利である．すなわち，円やだ円はパラメータ θ を用いて次のように表すことができる．

円：$(x-a)^2+(y-b)^2=r^2$　　　　だ円：$\dfrac{(x-c)^2}{a^2}+\dfrac{(y-d)^2}{b^2}=1$

$\Longleftrightarrow \begin{cases} x=r\cos\theta+a \\ y=r\sin\theta+b \end{cases}$　　　$\Longleftrightarrow \begin{cases} x=a\cos\theta+c \\ y=b\sin\theta+d \end{cases}$

ときとして，円周上やだ円周上の点の座標を θ を用いて表したほうが，計算が楽になることがある．

━━[例題　5・3・1]━━━━━━━━━━━━━━━━━━━━━━━━

実数 x，y が $x^2+y^2=1$　……①　を満たすとき，z の最大値および最小値を求めよ．

$$z=2x^2+2xy+y^2 \quad \text{……②}$$

━━━━━━━━━━━━━━━━━━━━━━━━━━━━━━━━━━

方 針　**1**　〈計算が大変になる方針〉

$x^2+y^2=1$　……① を y（または x）について解き，

$$y=\pm\sqrt{1-x^2} \quad \text{……①}'$$

これを ② に代入して，x の1変数関数に直し，1変数関数の最大値・最小値問題として解く．
実際に ①' を ② に代入してみると，

$$z=2x^2\pm 2x\sqrt{1-x^2}+(1-x^2)$$
$$=x^2\pm 2x\sqrt{1-x^2}+1 \quad \text{……③}$$

となり，確かに x の1変数関数にはなるが，$\pm 2x\sqrt{1-x^2}$ なる項を含むなど，見てのとおり大変扱いにくい式である．ルートを置換してもうまくいかない．また，$1-x^2$ をひとつのブロックとみなして，$1-x^2=t$ なる置き換えをしたところで，

③ $\Longleftrightarrow z=x^2\pm 2\sqrt{x^2(1-x^2)}+1$
　　$\Longleftrightarrow z=(1-t)\pm 2\sqrt{(1-t)t}+1$
　　$\Longleftrightarrow z=2-t\pm 2\sqrt{(1-t)t}$　かつ　$x^2=1-t\geq 0 \Longleftrightarrow t\leq 1$

と，一向に見通しはよくならない．

[方針] 2

$x = \cos\theta$, $y = \sin\theta$ とおくことにより，三角関数の性質を利用する．

[解答] $x^2 + y^2 = 1$ より，$x = \cos\theta$, $y = \sin\theta$ とおく．すると，

$$\begin{aligned}
z &= 2x^2 + 2xy + y^2 \\
&= 2\cos^2\theta + 2\cos\theta\sin\theta + \sin^2\theta \\
&= (\cos 2\theta + 1) + \sin 2\theta + \frac{1-\cos 2\theta}{2} \\
&= \sin 2\theta + \frac{1}{2}\cos 2\theta + \frac{3}{2} \\
&= \sqrt{1^2 + \left(\frac{1}{2}\right)^2}\sin(2\theta + \theta') + \frac{3}{2} \quad (\text{ただし，}\theta' \text{は上図の角度を表わす}) \\
&= \frac{\sqrt{5}}{2}\sin(2\theta + \theta') + \frac{3}{2}
\end{aligned}$$

よって，

$$-\frac{\sqrt{5}}{2} + \frac{3}{2} \leqq z \leqq \frac{\sqrt{5}}{2} + \frac{3}{2}$$

z の最大値 $\dfrac{3+\sqrt{5}}{2}$，z の最小値 $\dfrac{3-\sqrt{5}}{2}$ ……（答）

〈練習 5・3・1〉

$f(x) = 3x - 4x^3$ のとき次を証明せよ．

(1) $-1 \leqq x \leqq 1$ ならば $|f(x)| \leqq 1$
(2) a, b が実数で $a^2 + b^2 = 1$ ならば $\{f(a)\}^2 + \{f(b)\}^2 = 1$

[方針] 1 〈計算が大変な方針〉

(1) $f'(x) = 3 - 12x^2 = 3(1+2x)(1-2x)$

より，下の増減表を得る．

x	-1	$\cdots$	$-\dfrac{1}{2}$	$\cdots$	$\dfrac{1}{2}$	$\cdots$	1
$f'(x)$		$-$	0	$+$	0	$-$	
$f(x)$	1	↘	-1	↗	1	↘	-1

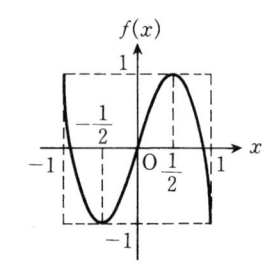

よって，$-1 \leqq x \leqq 1$ のとき，$|f(x)| \leqq 1$

（証明終わり）

(2) $\{f(a)\}^2+\{f(b)\}^2=(3a-4a^3)^2+(3b-4b^3)^2$
$\qquad\qquad\qquad =9(a^2+b^2)-24(a^4+b^4)+16(a^6+b^6)$ ……①

ここで，$a^2+b^2=1$ ……②

$\qquad a^4+b^4=(a^2+b^2)^2-2a^2b^2$
$\qquad\qquad =1-2a^2b^2$ ……③
$\qquad a^6+b^6=(a^4+b^4)(a^2+b^2)-a^2b^2(a^2+b^2)$
$\qquad\qquad =1-3a^2b^2$ ……④

①に②，③，④を代入して
$\qquad \{f(a)\}^2+\{f(b)\}^2=9-24(1-2a^2b^2)+16(1-3a^2b^2)$
$\qquad\qquad\qquad\qquad =1$　　（証明終わり）

方針　2

$x=\sin\theta$ とおいて，三角関数の性質を利用する．

解答 (1) $-1\leq x\leq 1$ という条件から，

$\qquad x=\sin\theta,\quad -\dfrac{\pi}{2}\leq\theta\leq\dfrac{\pi}{2}$

とおく．すると，

$\qquad |f(x)|=|3\sin\theta-4\sin^3\theta|$
$\qquad\qquad =|\sin 3\theta|\leq 1$　　（証明終わり）

(2) $a^2+b^2=1$ より，$a=\sin\theta$, $b=\cos\theta$, $0\leq\theta\leq 2\pi$ とおく．

$\qquad f(a)=3\sin\theta-4\sin^3\theta$
$\qquad\qquad =\sin 3\theta$
$\qquad f(b)=3\cos\theta-4\cos^3\theta$
$\qquad\qquad =-4(\cos^3\theta-3\cos\theta)$
$\qquad\qquad =-\cos 3\theta$
$\qquad \{f(a)\}^2+\{f(b)\}^2=(\sin 3\theta)^2+(-\cos 3\theta)^2$
$\qquad\qquad\qquad\qquad =1$　　（証明終わり）

§4 $\cos\theta + \sin\theta = t$ と置け

関数：$F(\theta) = \sin^4\theta + \cos^4\theta - \dfrac{2}{3}(\sin^3\theta + \cos^3\theta)$ の最大値や最小値を求めるために，この関数を θ で微分するという方針にしたがうと，大変な計算になる．そこで $\sin\theta = t$ と置き換えても，$\cos^3\theta$ という項が $(1-t^2)^{\frac{3}{2}}$ という無理関数となるので，やはり計算はやっかいになる．

ところが，関数 $F(\theta)$ をよく見ると，$F(\theta)$ は $\sin\theta$ と $\cos\theta$ が対称的に表われている（$\cos\theta$ と $\sin\theta$ を入れ換えても同じ関数になる）．$\cos\theta$ と $\sin\theta$ が対称的に現れる式では，一般に

$$\sin\theta + \cos\theta = t \quad \cdots\cdots ①$$

と置き換えると有効である．なぜかというと，この置き換えによって，もとの関数は t の1変数関数に帰着でき，かつ $\sin\theta = t$ とおいたときのように無理関数になることもないからである．つまり①のように置き換えたときに，

$$\sin\theta\cos\theta = \dfrac{t^2-1}{2} \quad \cdots\cdots ②$$

と表すことができる．ここで，『$\sin\theta$ と $\cos\theta$ が対称的に表われるどんな式も，①と②を使って表すことができる』という事実があるので，与式のような $\cos\theta$ と $\sin\theta$ が対称的に現れる式は，$\cos\theta + \sin\theta = t$ と置き換えると，複雑な計算を回避することができるのである．

[例題 5・4・1]
関数 $f(\theta) = \sin\theta + \cos\theta + \sin\theta\cos\theta \;(0 \leqq \theta < 2\pi)$ の最大値と最小値，およびそのときの θ の値を求めよ．

[解答] $\sin\theta + \cos\theta = t$ とおく．

三角関数の合成公式より
↓
$0 \leqq \theta < 2\pi$ および $t = \sqrt{2}\sin\left(\theta + \dfrac{\pi}{4}\right)$ より，t の変域は，

$$-\sqrt{2} \leqq t \leqq \sqrt{2}$$

また，

$$2\sin\theta\cos\theta = (\sin\theta + \cos\theta)^2 - 1$$
$$= t^2 - 1$$

よって，

$$f(\theta) = \sin\theta + \cos\theta + \sin\theta\cos\theta$$

これは，
$$g(t)=t+\frac{1}{2}(t^2-1)$$
$$=\frac{1}{2}(t+1)^2-1$$
とおける．
よって，図1より，

$t=\sqrt{2}$, すなわち $\sin\left(\theta+\dfrac{\pi}{4}\right)=1$

$\theta=\dfrac{\pi}{4}$ のとき, 最大値 $\sqrt{2}+\dfrac{1}{2}$ ……(答)

$t=-1$, すなわち $\sin\left(\theta+\dfrac{\pi}{4}\right)=-\dfrac{1}{\sqrt{2}}$

$\theta=\pi,\ \dfrac{3}{2}\pi$ のとき, 最小値 -1 ……(答)

図1

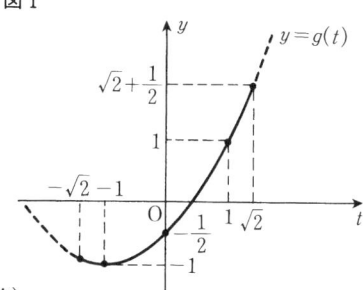

〈練習 5・4・1〉

関数: $F(\theta)=\sin^4\theta+\cos^4\theta-\dfrac{2}{3}(\sin^3\theta+\cos^3\theta)$ の $0\leqq\theta\leqq2\pi$ における最大値と最小値を求めよ．

方針 1 〈計算が大変になる方針〉

関数 $F(\theta)$ をそのままの形で微分する．

方針 2

$\cos\theta$ と $\sin\theta$ の対称式
$$\cos\theta+\sin\theta=t \quad\cdots\cdots\text{①} \qquad \cos\theta\sin\theta=\frac{t^2-1}{2} \quad\cdots\cdots\text{②}$$
で置き換えることにより，$F(\theta)$ を t の整関数に帰着させてから，微分して増減を調べる．

解答
$$F(\theta)=(\sin^2\theta+\cos^2\theta)^2-2(\sin\theta\cos\theta)^2$$
$$-\frac{2}{3}(\sin\theta+\cos\theta)(\sin^2\theta-\sin\theta\cos\theta+\cos^2\theta)$$
$$=1-2(\sin\theta\cos\theta)^2-\frac{2}{3}(\sin\theta+\cos\theta)(1-\sin\theta\cos\theta) \quad\cdots\cdots\text{③}$$

と表してから，①，②で置き換えると，

$$\text{③} \iff F(\theta)=-\frac{1}{2}t^4+\frac{1}{3}t^3+t^2-t+\frac{1}{2}\equiv G(t)$$

となる．ただし，①より t の変域は，

$$① \iff t=\sqrt{2}\sin\left(\theta+\frac{\pi}{4}\right)$$

これと，$0\leqq\theta\leqq 2\pi$ より

$$-\sqrt{2}\leqq t\leqq \sqrt{2} \quad \cdots\cdots ④$$

である．

$$\left(\begin{array}{l}\text{公式 } a\sin\theta+b\cos\theta \\ \qquad =\sqrt{a^2+b^2}\sin(\theta+\alpha) \\ \text{ただし，}\alpha\text{ は座標平面上に}\\ \text{点 P}(a,\ b)\text{をとるとき，動径 OP}\\ \text{が }x\text{ 軸の正方向となる角である．}\end{array}\right)$$

　これで，θ に関する三角関数を t に関する 4 次関数に帰着できた．このようにして，準備万端整えた後で，微分をするべきなのだ．では，$G(t)$ の増減を調べよう．

$$\begin{aligned}G'(t)&=-2t^3+t^2+2t-1\\&=-(t+1)(2t-1)(t-1)\end{aligned}$$

これと，④から増減表がかける．

t	$-\sqrt{2}$	$\cdots$	-1	$\cdots$	$\dfrac{1}{2}$	$\cdots$	1	$\cdots$	$\sqrt{2}$
$G'(t)$		$+$	0	$-$	0	$+$	0	$-$	
$G(t)$		↗	極大	↘	極小	↗	極大	↘	

よって，　極大値は，$\begin{cases}t=-1\text{ のとき }\dfrac{5}{3}\\ t=1\text{ のとき }\dfrac{1}{3}\end{cases}$

　　　　　極小値は，$t=\dfrac{1}{2}$ のとき $\dfrac{25}{96}$

　次に，t の変域の両端点における $G(t)$ の値を調べると，

$$t=-\sqrt{2}\text{ のとき }\frac{1}{2}+\frac{\sqrt{2}}{3},\ t=\sqrt{2}\text{ のとき }\frac{1}{2}-\frac{\sqrt{2}}{3}$$

である．$\dfrac{1}{2}-\dfrac{\sqrt{2}}{3}<\dfrac{25}{96}$ であるから，答えは，

$$\left.\begin{array}{l}F(\theta)\text{ の最大値 }\dfrac{5}{3}\ \left(t=-1\iff \theta=\pi,\ \dfrac{3}{2}\pi\text{ のとき}\right)\\ F(\theta)\text{ の最小値 }\dfrac{1}{2}-\dfrac{\sqrt{2}}{3}\ \left(t=\sqrt{2}\iff \theta=\dfrac{\pi}{4}\text{ のとき}\right)\end{array}\right\} \quad \cdots\cdots\text{(答)}$$

―〈練習 5・4・2〉―

長方形 ABCD の頂点 A から対角線 BD（長さを a とする）に垂線をひき，BD との交点を P とする．次に点 P から辺 BC，CD のそれぞれに引いた垂線の長さを x, y とし，AP$=z$ とする．

a が一定のとき，$x+y+z$ のとり得る値の範囲を求めよ．

方針 1 〈計算が大変になる方針〉

$$x+y+z$$

は，三角関数で与えられるが，三角関数のまま微分して増減を調べる．

方針 2 〈$\sin\theta+\cos\theta=t$ とおく方針〉

置き換えにより，整関数に帰着させてから微分する．その際，$x+y+z$ が $\sin\theta$, $\cos\theta$ に関して対称式であることに注意して，

$$\sin\theta+\cos\theta=t$$

と置き換えるとよい．

置き換えをしたときは，新しく導入した変数の変域をキチンと押さえることが大切である．

解答

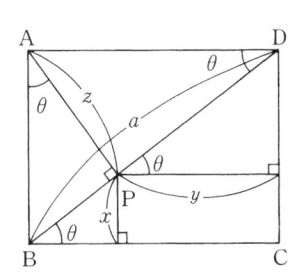

$x=\text{PB}\sin\theta$
 $=\text{AB}\sin^2\theta$
 $=a\sin^3\theta$
$y=\text{PD}\cos\theta$
 $=\text{AD}\cos^2\theta$
 $=a\cos^3\theta$
$z=\text{AB}\cos\theta$
 $=a\sin\theta\cos\theta$

したがって，

$x+y+z$
$=a(\sin^3\theta+\cos^3\theta+\sin\theta\cos\theta)$
$=a\{(\sin\theta+\cos\theta)^3-3\sin\theta\cos\theta(\sin\theta+\cos\theta)+\sin\theta\cos\theta\}$ ……(∗)

ここで，

$$\sin\theta+\cos\theta=t$$

とおくと，

$$\sin\theta\cos\theta=\frac{t^2-1}{2}$$

だから，(∗) より，

$$x+y+z = a\{t^3 - \frac{3}{2}(t^2-1)t + \frac{1}{2}(t^2-1)\}$$
$$= \frac{a}{2}(-t^3+t^2+3t-1) \quad \cdots\cdots ①$$

また，
$$t = \sin\theta + \cos\theta = \sqrt{2}\sin\left(\theta + \frac{\pi}{4}\right) \quad \text{←三角関数の合成}$$

かつ，
$$0 < \theta < \frac{\pi}{2}$$

より，
$$\frac{\pi}{4} < \theta + \frac{\pi}{4} < \frac{3}{4}\pi$$

だから，t の変域は，
$$1 < t \leq \sqrt{2} \quad \cdots\cdots ②$$

である．②の範囲で，①の増減を調べる．
$$f(t) = -t^3 + t^2 + 3t - 1$$

とおくと，
$$f'(t) = -3t^2 + 2t + 3 = -3\left(t - \frac{1-\sqrt{10}}{3}\right)\left(t - \frac{1+\sqrt{10}}{3}\right)$$

よって，下記の増減表を得る．

t	1	$\cdots$	$\frac{1+\sqrt{10}}{3}$	$\cdots$	$\sqrt{2}$
$f'(t)$		$+$	0	$-$	
$f(t)$		↗	極大	↘	$\sqrt{2}+1$

さらに，計算が容易になるように，
$$9f(t) = (3t-1)f'(t) + 20t - 6$$

と変形すると，
$$f\left(\frac{1+\sqrt{10}}{3}\right) = \frac{1}{9}\left(20 \cdot \frac{1+\sqrt{10}}{3} - 6\right)$$
$$= \frac{2+20\sqrt{10}}{27}$$

$f(1) = 2, \ f(\sqrt{2}) = \sqrt{2}+1$

よって，$x+y+z$ のとり得る値の範囲は，
$$a < x+y+z \leq \frac{1+10\sqrt{10}}{27}a \quad \cdots\cdots \text{(答)}$$

─〈練習 5・4・3〉─

関数 $f(x)=\sin^2 x+\dfrac{1}{\sqrt{2}}(\sin x-\cos x)$ について,導関数 $f'(x)$ を求め,$f'(x)=0$ を満たす x を区間 $[0,\ \pi]$ で求めよ.

(信州大)

解答 $\cos x+\sin x=t$ とおくと,
$$2\sin x\cos x=t^2-1$$
これらを,$f'(x)=0$,すなわち
$$2\sin x\cos x+\dfrac{1}{\sqrt{2}}(\cos x+\sin x)=0$$
に代入して両辺を $\sqrt{2}$ 倍すると,
$$\sqrt{2}(t^2-1)+t=0$$
$$\therefore\quad \sqrt{2}t^2+t-\sqrt{2}=0$$
$$\therefore\quad (\sqrt{2}t-1)(t+\sqrt{2})=0$$
$t=\sqrt{2}\sin\left(x+\dfrac{\pi}{4}\right),\ 0\leqq x\leqq\pi$ より
$$-1\leqq t\leqq \sqrt{2}$$
$$\therefore\quad t=\dfrac{1}{\sqrt{2}}$$
$t=\sqrt{2}\sin\left(x+\dfrac{\pi}{4}\right)=\dfrac{1}{\sqrt{2}},\ \dfrac{\pi}{4}\leqq x+\dfrac{\pi}{4}\leqq \dfrac{5}{4}\pi$ より
$$\sin\left(x+\dfrac{\pi}{4}\right)=\dfrac{1}{2},\quad x+\dfrac{\pi}{4}=\dfrac{5\pi}{6}$$
$$\therefore\quad x=\dfrac{7}{12}\pi \quad\cdots\cdots\text{(答)}$$

§5 情報を文字や記号に盛り込め

n が奇数ならば $n=2k+1$ (k は整数) とおき, n が偶数ならば $n=2k$ (k は整数) というように, 文字や記号に数学的情報を盛り込むと計算や解答が簡単になることが多い. その一例を以下に示そう.

(例) 『n を整数とするとき, n^2 を5で割ったときの余りは, 0, 1 または 4 である』ことを証明せよ.

剰余に関する上のような問題は, 整数を5で割ったときの余りに注目して, 任意の整数 n を

$$\{5m,\ 5m+1,\ 5m+2,\ 5m+3,\ 5m+4\} \quad (m \text{ は整数})$$

という5つの集合に分類し, これらを条件式 n^2 に代入することにより, 証明するとよい. 計算の手間数を考えるならば, 整数 n を5つの集合に分類する際, 対称性を導入し,

$$\{5m,\ 5m\pm 1,\ 5m\pm 2\}$$

とおくとよい. この方針による解答は次のようになる.

(解) 整数 n は

$$n=5m,\ n=5m\pm 1,\ n=5m\pm 2 \quad (m \text{ は整数})$$

のいずれかで表すことができる.

$$n^2 = (5m)^2 = 25m^2 = 5(5m^2)$$
$$n^2 = (5m\pm 1)^2 = 25m^2 \pm 10m + 1$$
$$= 5(5m^2 \pm 2m) + 1$$
$$n^2 = (5m\pm 2)^2 = 25m^2 \pm 20m + 4$$
$$= 5(5m^2 \pm 4m) + 4$$

よって, n^2 を5で割った余りは, 0, 1, 4 のいずれかになる.

[例題 5・5・1]

p と $p+2$ がともに素数 ($p>3$) のとき, $p+1$ は6の倍数であることを証明せよ.

(立教大)

解 答 連続する3つの整数の積

$$p(p+1)(p+2)$$

は, 6の倍数である. ゆえに, p と $p+2$ が素数のとき, $p+1$ は6の倍数である.

(証明終わり)

(別解)

4以上の整数は，自然数 n を用いて，
$$\{6n,\ 6n\pm1,\ 6n\pm2,\ 6n\pm3\}$$
のいずれかの形に表すことができる．この中で，素数となり得る形をしているのは，
$$6n\pm1$$
の2通りだけである．

ⅰ) $p=6n+1$ のとき
$$\begin{aligned}p+2&=(6n+1)+2\\&=6n+3\\&=3(2n+1) \quad (3の倍数)\end{aligned}$$
となり，p が素数であることに反する．

ⅱ) $p=6n-1$ のとき
$$p+2=(6n-1)+2=6n+1$$
となり，$p+2$ が素数であるという条件に適する．このとき，
$$p+1=(6n-1)+1=6n \quad (6の倍数)$$
したがって，$p+1$ は6の倍数である． (証明終わり)

─〈練習　5・5・1〉─

11で割ると余りが5で，13で割ると余りが7で，17で割ると余りが11となる正の整数で，1番小さいものを求めよ．

解答 題意を満たす整数を $x\ (>0)$ とおくと，x は整数 $k,\ m,\ n\ (\geqq 0)$ を用いて，
$$\begin{aligned}x&=11k+5 &\cdots\cdots① \\ x&=13m+7 &\cdots\cdots② \\ x&=17n+11 &\cdots\cdots③\end{aligned}$$
と表すことができる．

①，②，③ の両辺に6を加えると，
$$\begin{aligned}x+6&=11(k+1) &\cdots\cdots①' \\ x+6&=13(m+1) &\cdots\cdots②' \\ x+6&=17(n+1) &\cdots\cdots③'\end{aligned}$$
よって，$x+6$ は11, 13, 17を約数にもつので，整数 $l\ (l=1,\ 2,\ \cdots)$ を用いて，
$$x+6=11\cdot13\cdot17l$$
$$\therefore\ x=2431l-6 \quad \cdots\cdots⑨$$
と表すことができる．

したがって，求める x は，⑨ において $l=1$ としたものである．よって，
$$x=2431\cdot1-6=\mathbf{2425} \quad \cdots\cdots(答)$$

━━〈練習 5・5・2〉━━

$2^8+2^{11}+2^n$ が平方数となる自然数 n が，ただ1つ存在することを示せ．

[解答] $2^8+2^{11}+2^n$ は平方数だから，$m^2=2^8+2^{11}+2^n$ とおく．

$$2^n = m^2-2^8-2^{11}$$
$$= m^2-2^8(1+2^3)$$
$$=(m-48)(m+48)$$

である．左辺の 2^n は「2 という素数 n 個の積」であることに注意すると，

$$\begin{cases} m-48=2^s \\ m+48=2^t \\ s+t=n \end{cases}$$

となる正の整数 s と t $(t>s)$ が存在する．
$m=2^s+48$, $m=2^t-48$ とおけるから，

$$2^s+48=2^t-48$$
$$\iff 2^t-2^s=96$$
$$\iff 2^s(2^{t-s}-1)=2^5\times 3$$

となる．

$2^{t-s}-1$ が奇数であり，かつ右辺に奇素数は 3 しかないので，

$$\begin{cases} s=5 \\ 2^{t-s}-1=3 \end{cases}$$

となる．

これより，

$$s=5, \ t=7$$

よって，$2^8+2^{11}+2^n$ が平方数となる自然数 n が唯一存在し，その値は

$$n=s+t$$
$$=5+7=12$$

である．また，

$$m^2=2^8+2^{11}+2^n$$
$$=2^8+2^{11}+2^{12}=6400=(80)^2$$

となり，$n=12$ に対して，平方数 m^2 が確かに存在する．よって題意は示された．

第6章 積分計算の簡略法

§1 奇関数・偶関数の性質の利用

$f(-x)=f(x)$ を満たす関数を **偶関数** といい，関数 $y=f(x)$ のグラフは y 軸に関して線対称である．また，$f(-x)=-f(x)$ を満たす関数を **奇関数** といい，関数 $y=f(x)$ のグラフは原点 O に関して点対称な図形となる．

関数 $f(x)$ を，y 軸に対して対称な区間 $[-a, a]$ で積分したとき，

$f(x)$ が偶関数のとき：$\int_{-a}^{a} f(x)dx = 2\int_{0}^{a} f(x)dx$

$f(x)$ が奇関数のとき：$\int_{-a}^{a} f(x)dx = 0$

が成り立つ．

このことをグラフを参考にして確かめよう．例えば，偶関数のときは，図1をイメージして考えるとよい．

図1のように，S_1，S_2 を定めると，

$$\int_{-a}^{a} f(x)dx = S_1 + S_2$$
$$= S_2 + S_2$$
$$= 2\int_{0}^{a} f(x)dx$$

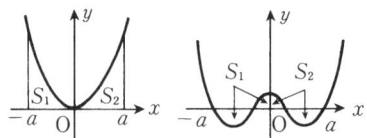

図1　$S_1 = S_2$, $S_1 \cdot S_2 > 0$

次に，奇関数のときは，図2をイメージして考えるとよい．

図2のように，S_1，S_2 を定めると，

$$\int_{-a}^{a} f(x)dx = S_1 + S_2$$
$$= -S_2 + S_2$$
$$= 0$$

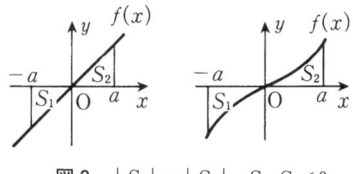

図2　$|S_1| = |S_2|$, $S_1 \cdot S_2 < 0$

[例題 6・1・1]

任意の 2 次関数 $f(x)$ に関して，常に，
$$\int_{-2}^{2} f(x)(x^3+px+q)dx=0$$
が成り立つという．このとき実数 p, q の値を決定せよ．

[解答] 任意の 2 次関数 $f(x)$ を $f(x)=ax^2+bx+c$ $(a \neq 0)$ とおくと，与式は，

$$\int_{-2}^{2}(ax^2+bx+c)(x^3+px+q)dx=0$$

$$\iff a\int_{-2}^{2}x^2(x^3+px+q)dx + b\int_{-2}^{2}x(x^3+px+q)dx + c\int_{-2}^{2}(x^3+px+q)dx=0$$

$$\cdots\cdots(\bigstar)$$

任意の a, b, c に対して，($\bigstar$) が常に成り立つための p, q の必要十分条件は，

$$\int_{-2}^{2}x^2(x^3+px+q)dx=0 \quad \cdots\cdots ①$$

かつ $$\int_{-2}^{2}x(x^3+px+q)dx=0 \quad \cdots\cdots ②$$

かつ $$\int_{-2}^{2}(x^3+px+q)dx=0 \quad \cdots\cdots ③$$

が成り立つことである．

奇関数・偶関数の性質を利用することにより，

① $\iff 2\int_{0}^{2}qx^2dx=0$ 　　← $\int_{-2}^{2}x^5dx=0$, $p\int_{-2}^{2}x^3dx=0$

$\iff \left[\dfrac{2}{3}qx^3\right]_{0}^{2}=0 \iff q=0$

② $\iff 2\int_{0}^{2}(x^4+px^2)dx=0$

$\iff 2\left[\dfrac{x^5}{5}+\dfrac{p}{3}x^3\right]_{0}^{2}=0$

$\iff \dfrac{2^5}{5}+\dfrac{p}{3}\cdot 2^3=0 \iff p=-\dfrac{12}{5}$

③ $\iff 2\int_{0}^{2}qdx=0 \iff 2\left[qx\right]_{0}^{2}=0$ 　　← $\int_{-2}^{2}x^3dx=0$, $p\int_{-2}^{2}xdx=0$

$\iff q=0$

と手早く計算できる．よって，求める p, q の値は，

$$p=-\dfrac{12}{5}, \quad q=0 \quad \cdots\cdots (答)$$

§1 奇関数・偶関数の性質の利用

〈練習 6・1・1〉

x の整式で表される関数 $f(x)=a_0+a_1x+a_2x^2+\cdots\cdots+a_nx^n$ が
$$f(x)=1+2x+3x^2+\int_{-x}^{x}tf'(t)dt$$
を満たすとき，関数 $f(x)$ を求めよ． （和歌山大）

解答

$$f(x)=1+2x+3x^2+\int_{-x}^{x}tf'(t)dt \quad \cdots\cdots ①$$

とおく．すると，

$$f(-x)=1-2x+3x^2-\int_{-x}^{x}tf'(t)dt \quad \cdots\cdots ②$$

①+② より

$$f(x)+f(-x)=2(1+3x^2)$$

一方，$f(x)+f(-x)=2(a_0+a_2x^2+a_4x^4+\cdots\cdots+a_{2k}x^{2k})$ （n が偶数のとき $2k=n$，n が奇数のとき $2k=n-1$）だから，$f(x)$ の偶数次の項の和は $1+3x^2$ である．したがって，$f(x)$ の奇数次の項の和を $g(x)$ とすると

$$f(x)=1+3x^2+g(x) \quad \cdots\cdots ③$$

と表される．③ の両辺を微分して，
$$f'(x)=6x+g'(x)$$

これをもとの式に代入すると，
$$f(x)=1+2x+3x^2+\int_{-x}^{x}t\{6t+g'(t)\}dt$$

よって ③ より
$$g(x)=2x+\int_{-x}^{x}6t^2dt+\int_{-x}^{x}tg'(t)dt$$

ここで $tg'(t)$ の各項は奇数次であるから
$$\int_{-x}^{x}tg'(t)dt=0$$

ゆえに，
$$g(x)=2x+2\cdot6\int_{0}^{x}t^2dt=2x+4\left[t^3\right]_0^x$$
$$=2x+4x^3$$

これを ③ に代入して
$$f(x)=\mathbf{1+2x+3x^2+4x^3} \quad \cdots\cdots (答)$$

〈練習 6・1・2〉

2次式 $f(x)=3x^2+2ax+1$ に対し $\int_{-2}^{2}(x+2)f(x)dx=4\int_{c}^{2}f(x)dx$ を満たす c が $-2<c<2$ の範囲に存在することを示せ。

(京都大)

[解答]

$$(x+2)f(x)=(x+2)(3x^2+1+2ax)$$
$$=(3x^3+x+4ax)+6x^2+2+2ax^2$$

偶関数・奇関数に着目して

$$\int_{-2}^{2}(x+2)f(x)dx=2\int_{0}^{2}(6x^2+2+2ax^2)dx$$
$$=2\left[2x^3+2x+\frac{2}{3}ax^3\right]_0^2=2\left(16+4+\frac{16}{3}a\right)$$
$$=40+\frac{32}{3}a$$

$$4\int_{c}^{2}f(x)dx=4\left[x^3+ax^2+x\right]_c^2$$
$$=4(10+4a-c^3-ac^2-c)$$

よって題意の等式は

$$10+\frac{8}{3}a=10+4a-c^3-ac^2-c$$
$$\therefore\ c^3+c=a\left(\frac{4}{3}-c^2\right)$$

cy 平面上の2曲線

$$y=c^3+c,\ y=a\left(\frac{4}{3}-c^2\right)$$

の交点を考える。$y=c^3+c$ は $y'=3c^2+1>0$ より単調増加である。$a=0$ ならば $c=0$ で交わり、$a>0$ ならば $\left(0,\frac{4}{3}a\right)$ から $\left(\frac{2}{\sqrt{3}},0\right)$ の間で、$a<0$ ならば $\left(0,\frac{4}{3}a\right)$ から $\left(-\frac{2}{\sqrt{3}},0\right)$ の間で交わる。よって、$c^3+c=a\left(\frac{4}{3}-c^2\right)$、$-\frac{2}{\sqrt{3}}<c<\frac{2}{\sqrt{3}}$ を満たす c が存在する。この c は当然 $-2<c<2$ にある。

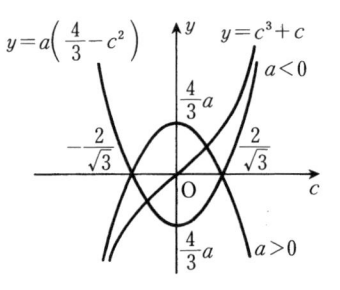

§2 積分区間の分割を回避せよ

"図1のような2曲線 $y=f(x)$, $y=g(x)$ によって囲まれる部分の面積をそれぞれ，S_1, S_2 とする．$S_1=S_2$ ……(★) になるとき……"のような（★）という条件のついたタイプの問題は，いろいろな所で現れる．

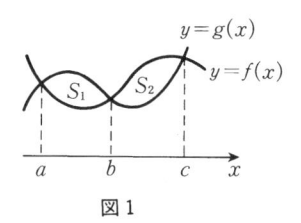

条件（★）は，この問題を解決するために有力な手掛かりである．よって，(★)を式で表し，解答にいかそうと誰もが考える．

条件（★）を，素直に表せば，$\begin{cases} S_1=\int_a^b\{g(x)-f(x)\}dx \\ S_2=\int_b^c\{f(x)-g(x)\}dx \end{cases}$ であるから，

$$(\bigstar) \iff \int_a^b\{g(x)-f(x)\}dx=\int_b^c\{f(x)-g(x)\}dx \quad \cdots\cdots ①$$

だが，ここでは次のように式変形してから計算するほうが得策である．

左辺を右辺に移項して，

$$\int_b^c\{f(x)-g(x)\}dx - \int_a^b\{g(x)-f(x)\}dx = 0$$

これを変形して，

$$\iff \int_a^b\{f(x)-g(x)\}dx + \int_b^c\{f(x)-g(x)\}dx = 0$$

$$\iff \int_a^c\{f(x)-g(x)\}dx = 0 \quad \cdots\cdots ①'$$

積分区間が分割された①よりも，①′を計算するほうが積分を1回するだけで済むからずっと速い．

また，積分区間が連続していなくても積分区間の端が一致している場合は（図2），関数 $f(x)$ の原始関数の1つを $F(x)$ とおくとき，

$$\int_a^c f(x)dx + \int_b^c f(x)dx$$
$$= \Big[F(x)\Big]_a^c + \Big[F(x)\Big]_b^c$$
$$= F(c)-F(a)+F(c)-F(b)$$

のように $F(c)$ を $\overset{\cdot\cdot}{2}$ 回計算するよりも，

$$= 2F(c)-F(a)-F(b)$$

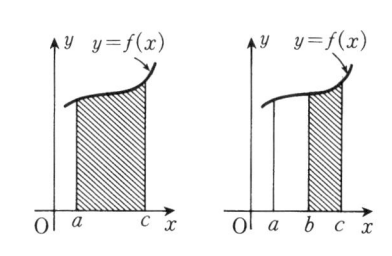

図2

のように $F(c)$ を1つの部分にまとめてから $F(c)$ の計算を $\overset{\cdot\cdot}{1}$ 回で済ませるほうがよい.

> **[例題 6・2・1]**
> $y = ax^4 - bx^2$, $y = k$ が相異なる4点で互いに交わり, この曲線と直線とで囲まれる3つの部分の面積が, それぞれ等しくなるときの k の値を, a と b を用いて表せ.
> ただし, $a > 0$, $b > 0$ とする.

方針 1 〈計算が大変になる方針〉

3つの部分 (図3参照) の面積を, それぞれ,

$$S_1 = \int_{-\beta}^{-\alpha} \{k - (ax^4 - bx^2)\} dx$$

$$S_2 = \int_{-\alpha}^{\alpha} \{(ax^4 - bx^2) - k\} dx$$

$$S_3 = \int_{\alpha}^{\beta} \{k - (ax^4 - bx^2)\} dx$$

としてそれぞれを計算し,
$$S_1 = S_2 = S_3$$
を満たす k の値を求める.

この方針は, 同じような計算を3回も繰り返すので, かなり見通しが悪い.

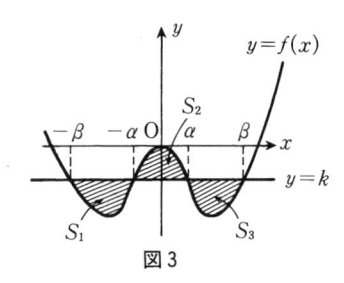

方針 2

対称性により,
$$S_1 = S_3$$
が成り立つことは明らかなので,

$$\begin{cases} S_2 = \int_{-\alpha}^{\alpha} (ax^4 - bx^2 - k) dx \\ S_3 = \int_{\alpha}^{\beta} \{k - (ax^4 - bx^2)\} dx \end{cases} \quad \text{または,} \quad \begin{cases} S_1 = \int_{-\beta}^{-\alpha} \{k - (ax^4 - bx^2)\} dx \\ S_2 = \int_{-\alpha}^{\alpha} (ax^4 - bx^2 - k) dx \end{cases}$$

計算して,
$$S_2 = S_3 \quad \text{または} \quad S_1 = S_2$$
を満たす k の値を求める.

このほうが〈方針1〉よりは, 少ない計算量で済む.

方針 3

図形の対称性により, $S_2 = S_3$ すなわち, $S_2 - S_3 = 0$ を満たす k の値を求めればよい. このとき, うまく式変形すると, 積分区間を分割せずに議論できる.

解答 $y=f(x)=ax^4-bx^2$
のグラフの概形は,
$$f(x)=x^2(ax^2-b)$$
より, $x=0$ で x 軸に接し, $x=\pm\sqrt{\dfrac{b}{a}}$ で x 軸に交わる. また,
$$\begin{aligned}f(-x)&=a(-x)^4-b(-x)^2\\&=ax^4-bx^2\\&=f(x)\end{aligned}$$
より偶関数なので, 図4のようになる.

図4

曲線と直線とで囲まれる部分が3つあるような k の範囲は,
"$ax^4-bx^2-k=0$ が, 異なる4つの実数解をもつ"
$\iff$ "($X=x^2$ とおくと) $aX^2-bX-k=0$ ……(*) が, 異なる2つの正の実数解をもつ"
という条件より求めることができる.

方程式 (*) の判別式を D とすると,
$$\begin{cases} D>0 \text{ より}, & b^2+4ak>0 \\ (\text{軸})>0 \text{ より}, & \dfrac{b}{2a}>0 \\ F(0)>0 \text{ より}, & -k>0 \end{cases}$$
これらより, k の範囲は, $-\dfrac{b^2}{4a}<k<0$ ……① である.

また, 3つの部分の面積を求める際, 曲線 $y=f(x)$ と直線 $y=k$ の交点の x 座標が必要になり, 方程式 $ax^4-bx^2-k=0$ の4つの実数解を, それぞれ, $-\beta$, $-\alpha$, α, β $(\alpha<\beta)$ とおき, この条件のもとに以下の議論をすすめていくことも可能であるが, $X=x^2$ とおいた方程式,
$$aX^2-bX-k=0$$
の2つの実数解が, α^2, β^2 となることから, 解と係数の関係より,
$$\alpha^2+\beta^2=\dfrac{b}{a} \qquad \alpha^2\beta^2=-\dfrac{k}{a} \quad \cdots\cdots ②$$
を満たすことを利用したほうが良い.
$$\begin{aligned}S_2-S_3&=\int_{-\alpha}^{\alpha}(ax^4-bx^2-k)dx-\int_{\alpha}^{\beta}\{k-(ax^4-bx^2)\}dx\\&=\int_{-\alpha}^{\alpha}(ax^4-bx^2-k)dx+\int_{\alpha}^{\beta}(ax^4-bx^2-k)dx\\&=\int_{-\alpha}^{\beta}(ax^4-bx^2-k)dx=0\end{aligned}$$
を満たす k を求めればよい.

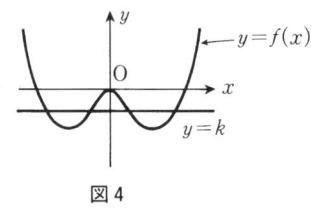

$$\int_{-\alpha}^{\beta}(ax^4-bx^2-k)dx=0$$
$$\iff \left[\frac{a}{5}x^5-\frac{b}{3}x^3-kx\right]_{-\alpha}^{\beta}=0$$

(通分の2度手間を避けるように計算して,)

$$\iff \frac{a}{5}(\beta^5+\alpha^5)-\frac{b}{3}(\beta^3+\alpha^3)-k(\beta+\alpha)=0$$
$$\iff \frac{1}{15}[3a(\alpha+\beta)\{\alpha^4+\beta^4-\alpha\beta(\alpha^2-\alpha\beta+\beta^2)\}$$
$$-5b(\alpha+\beta)(\alpha^2-\alpha\beta+\beta^2)-15k(\alpha+\beta)]=0$$

$\alpha,\ \beta>0$ より, $\alpha+\beta\neq 0$ だから, 両辺に, $\dfrac{15}{\alpha+\beta}$ をかけて整理すると,

$$3a\{(\alpha^2+\beta^2)^2-\alpha^2\beta^2-\alpha\beta(\alpha^2+\beta^2)\}-5b(\alpha^2+\beta^2-\alpha\beta)-15k=0$$

② を代入して,

$$\iff 3a\left\{\left(\frac{b}{a}\right)^2+\frac{k}{a}-\sqrt{\frac{-k}{a}}\cdot\frac{b}{a}\right\}-5b\left(\frac{b}{a}-\sqrt{\frac{-k}{a}}\right)-15k=0$$
$$\iff -6k+\frac{b}{\sqrt{a}}\sqrt{-k}-\left(\frac{b}{\sqrt{a}}\right)^2=0 \quad (\because\ a>0,\ k<0)$$
$$\iff \left(2\sqrt{-k}+\frac{b}{\sqrt{a}}\right)\left(3\sqrt{-k}-\frac{b}{\sqrt{a}}\right)=0$$

$2\sqrt{-k}+\dfrac{b}{\sqrt{a}}>0$ だから, $3\sqrt{-k}=\dfrac{b}{\sqrt{a}}$

∴ $k=-\dfrac{\boldsymbol{b^2}}{\boldsymbol{9a}}$ ……(答) (この値は, ① の範囲を満たす)

§2 積分区間の分割を回避せよ　117

―〈練習　6・2・1〉―
　曲線 $y = x^3 - (a+2)x^2 + 2ax$ と x 軸とで囲まれた部分の面積を S とする。S を a の関数で表せ。

方針 1　〈計算が大変になる方針〉

与式は，
$$y = x(x-2)(x-a)$$
のように因数分解できる．よって，曲線の概形は図1のようになる．

a の値により場合分けが生じるが，それぞれの場合ごとに，面積 S を求める積分計算を繰り返す．

この方針は，同じような計算を何回もすることになるので，計算量が多くなる．

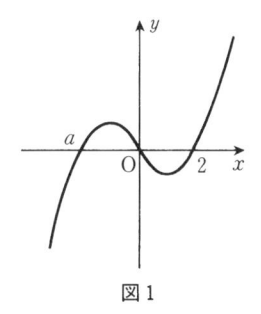

図1

方針 2

求める S は，
$$S = \int_{\triangle}^{\square} |x(x-2)(x-a)|\, dx$$
により求められる．

そこで，$x(x-2)(x-a)$ の原始関数の一つ $F(x)$ を求め，積分区間の一端となる値 ($0, a, 2$ のうちのいずれか) を代入した値を求め，それを利用して積分区間の分割が起こらないように計算する．

解答

$$F(x) = \int_0^x \{x(x-2)(x-a)\}\, dx$$
$$= \frac{1}{4}x^4 - \frac{a+2}{3}x^3 + ax^2$$

よって，
$$F(0) = 0$$
$$F(2) = \frac{4a-4}{3}$$
$$F(a) = \frac{1}{3}a^3 - \frac{1}{12}a^4$$

である．

場合1　$a \geq 2$ のとき
$$S = \int_0^a |x(x-2)(x-a)|\, dx$$

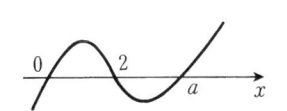

$$= \int_0^2 x(x-2)(x-a)dx$$
$$+ \int_2^a \{-x(x-2)(x-a)\}dx$$
$$= \int_0^2 x(x-2)(x-a)dx$$
$$- \int_2^a x(x-2)(x-a)dx$$
$$= 2F(2) - F(0) - F(a)$$
$$= \frac{a^4}{12} - \frac{a^3}{3} + \frac{8}{3}a - \frac{8}{3} \quad \cdots\cdots \text{(答)}$$

<u>場合2</u>　$2 > a \geqq 0$ のとき

$$S = \int_0^2 |x(x-2)(x-6a)|\, dx$$
$$= \int_0^a x(x-2)(x-a)dx$$
$$+ \int_a^2 \{-x(x-2)(x-a)\}dx$$
$$= F(a) - F(0) - F(2) + F(a)$$
$$= 2F(a) - F(0) - F(2)$$
$$= -\frac{a^4}{6} + \frac{2}{3}a^3 - \frac{4}{3}a + \frac{4}{3} \quad \cdots\cdots \text{(答)}$$

<u>場合3</u>　$0 > a$ のとき

$$S = \int_a^2 |x(x-2)(x-a)|\, dx$$
$$= \int_a^0 x(x-2)(x-a)dx$$
$$+ \int_0^2 \{-x(x-2)(x-a)\}dx$$
$$= F(0) - F(a) - F(2) + F(0)$$
$$= 2F(0) - F(a) - F(2)$$
$$= \frac{a^4}{12} - \frac{a^3}{3} - \frac{4}{3}a + \frac{4}{3} \quad \cdots\cdots \text{(答)}$$

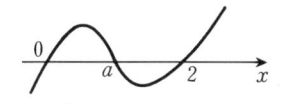

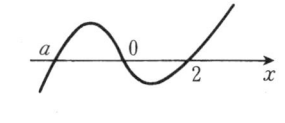

┌─〈練習 6・2・2〉─────────────────┐
2つの曲線
$$y_1 = x(a-x) \quad \cdots\cdots ①$$
$$y_2 = x^2(a-x) \quad \cdots\cdots ②$$
がある．曲線①と②が囲む2つの部分の面積が等しくなるように，定数aの値を求めよ．

ただし，$a > 1$ とする．
└──────────────────────────┘

解答 2つの曲線の交点のx座標は，
$x(a-x) = x^2(a-x)$ より
$$x = 0, \ 1, \ a$$
よって，題意の領域を図示すると，右図の斜線部のようになる．

題意が成り立つためには，図のようにS_1, S_2を決めると

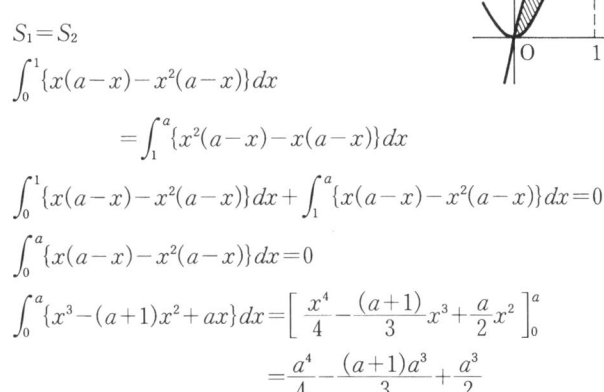

$$S_1 = S_2$$

$$\int_0^1 \{x(a-x) - x^2(a-x)\}dx$$
$$= \int_1^a \{x^2(a-x) - x(a-x)\}dx$$

$$\int_0^1 \{x(a-x) - x^2(a-x)\}dx + \int_1^a \{x(a-x) - x^2(a-x)\}dx = 0$$

$$\int_0^a \{x(a-x) - x^2(a-x)\}dx = 0$$

$$\int_0^a \{x^3 - (a+1)x^2 + ax\}dx = \left[\frac{x^4}{4} - \frac{(a+1)}{3}x^3 + \frac{a}{2}x^2\right]_0^a$$

$$= \frac{a^4}{4} - \frac{(a+1)a^3}{3} + \frac{a^3}{2}$$

$$= \frac{a^3}{6} - \frac{a^4}{12} = 0$$

$$\therefore \quad a^3(a-2) = 0$$

ここで $a > 1$ だから，
$$a = 2 \quad \cdots\cdots (答)$$

§3 $\int_\alpha^\beta (x-\alpha)(x-\beta)dx = -\frac{1}{6}(\beta-\alpha)^3$ を利用せよ

放物線 $C: y=f(x)$ と直線 $l: y=g(x)$ (図1(a)),
または, 放物線 $C: y=f(x)$ と放物線 $C': y=g(x)$ (図1(b)),
あるいは, 3次曲線 $C: y=f(x)$ と3次曲線 $C': y=g(x)$ ← x^3 の係数が1のとき
が異なる2点で交わる (図1(c)) とする. そして, 関数 $y=f(x)-g(x)$ が
$$y=a(x-\alpha)(x-\beta) \quad (\alpha<\beta)$$
の形に表されるとする. このとき, 曲線 C と直線 l (または曲線 C') とによって囲まれる領域の面積 S は,
$$S = \left| \int_\alpha^\beta a(x-\alpha)(x-\beta)dx \right|$$
で与えられる.

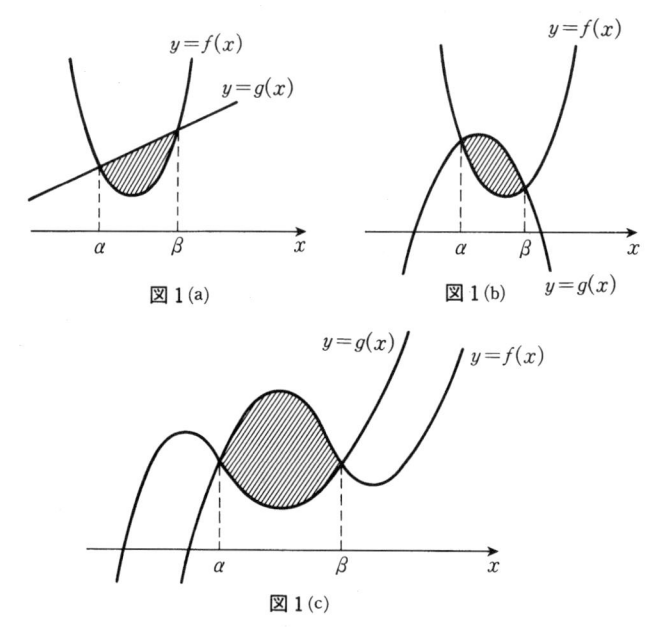

図1(a)

図1(b)

図1(c)

ここで, $\int_\alpha^\beta (x-\alpha)(x-\beta)dx$ を計算すると,
$$\int_\alpha^\beta (x-\alpha)(x-\beta)dx = \int_\alpha^\beta (x-\alpha)(\underline{x-\alpha+\alpha-\beta})dx$$
$$= \int_\alpha^\beta \{(x-\alpha)^2 + (\alpha-\beta)(x-\alpha)\}dx$$

§3 $\int_\alpha^\beta (x-\alpha)(x-\beta)dx = -\dfrac{1}{6}(\beta-\alpha)^3$ を利用せよ　　121

$$= \left[\dfrac{1}{3}(x-\alpha)^3 + \dfrac{1}{2}(\alpha-\beta)(x-\alpha)^2 \right]_\alpha^\beta$$

$$= \dfrac{1}{3}(\beta-\alpha)^3 - \dfrac{1}{2}(\beta-\alpha)^3$$

$$= -\dfrac{1}{6}(\beta-\alpha)^3$$

となる．

　　（公式）　　$\int_\alpha^\beta (x-\alpha)(x-\beta)dx = -\dfrac{1}{6}(\beta-\alpha)^3$

この公式も大切であるが，左辺から右辺を導くまでの変形の仕方も重要である．なぜならば上述の変形の仕方は，同種の積分計算を行う際にもしばしば用いる応用性の高いテクニックであるからである．

(例)

図2　　$y=(x-\alpha)(x-\beta)(x-\gamma)$

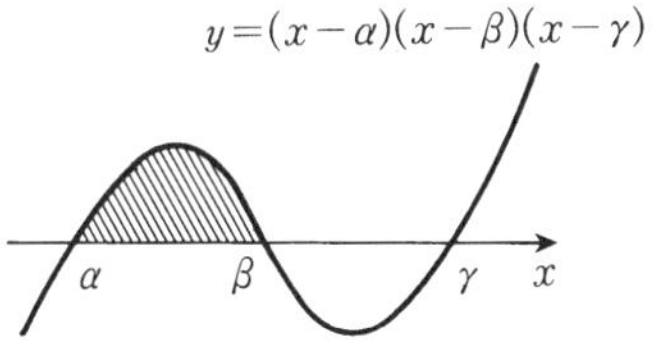

$$\int_\alpha^\beta (x-\alpha)(x-\beta)(x-\gamma)dx \quad (\alpha<\beta<\gamma)$$

$$= \int_\alpha^\beta (x-\alpha)(x-\alpha+\alpha-\beta) \times (x-\alpha+\alpha-\gamma)dx$$

$$= \int_\alpha^\beta \{(x-\alpha)^3 + (x-\alpha)^2(\alpha-\gamma) + (\alpha-\beta)(x-\alpha)^2 + (x-\alpha)(\alpha-\beta)(\alpha-\gamma)\}dx$$

$$= \left[\dfrac{(x-\alpha)^4}{4} + \dfrac{(\alpha-\gamma)}{3}(x-\alpha)^3 + \dfrac{(\alpha-\beta)}{3}(x-\alpha)^3 + \dfrac{(\alpha-\beta)(\alpha-\gamma)(x-\alpha)^2}{2} \right]_\alpha^\beta$$

$$= \dfrac{(\beta-\alpha)^4}{4} + \dfrac{(\alpha-\gamma)(\beta-\alpha)^3}{3} - \dfrac{(\beta-\alpha)^4}{3} - \dfrac{(\alpha-\gamma)(\beta-\alpha)^3}{2}$$

$$= -\dfrac{1}{12}(\beta-\alpha)^4 - \dfrac{1}{6}(\alpha-\gamma)(\beta-\alpha)^3$$

[例題 6・3・1]

曲線 $y=x^2-2x+2$ と点 $(2, 3)$ を通る直線で囲まれた図形について，その面積が最小となるような直線の方程式を求めよ。　　　　　　　　　（金沢大）

[解答] 曲線 $y=(x-1)^2+1$ と 2 点で交わり，点 $(2, 3)$ を通る直線の方程式は，y 軸に平行でないから，
$$y=a(x-2)+3 \quad \cdots\cdots ①$$
と表せる．直線 ① と放物線 $y=(x-1)^2+1$ とで囲まれた図形の面積を S とおく．

また，直線 ① と放物線との交点の x 座標を α, β $(\alpha<\beta)$ とおくと，
$$\begin{aligned}f(x)&=a(x-2)+3-(x^2-2x+2)\\&=-x^2+(2+a)x+1-2a\\&=-(x-\alpha)(x-\beta) \quad \cdots\cdots ②\end{aligned}$$
となる．

このとき，$S=\left|\int_\alpha^\beta f(x)dx\right|$
$$=\left|-\int_\alpha^\beta (x-\alpha)(x-\beta)dx\right|$$
$$=\frac{1}{6}(\beta-\alpha)^3 \quad \leftarrow *$$

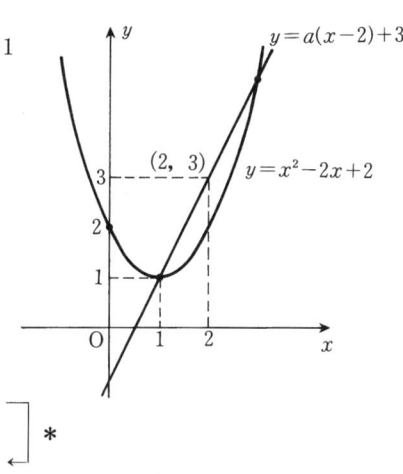

($*$ の部分で公式を使う．)

さて，② において解と係数の関係より，
$$\alpha+\beta=2+a, \quad \alpha\beta=2a-1$$
よって，$\beta-\alpha=\sqrt{(\alpha+\beta)^2-4\alpha\beta} \quad (\alpha<\beta)$
$$=\sqrt{(2+a)^2-4(2a-1)}$$
$$=(a^2-4a+8)^{\frac{1}{2}}$$
$$\therefore S=\frac{1}{6}(a^2-4a+8)^{\frac{3}{2}}$$
$$=\frac{1}{6}\{(a-2)^2+4\}^{\frac{3}{2}} \quad ←平方完成$$

したがって，S は，$a=2$ のときに最小値 $\dfrac{4}{3}$ をとる．

よって，$a=2$ を ① に代入すると，求める直線の方程式は
$$\boldsymbol{y=2x-1} \quad \cdots\cdots (答)$$

§3 $\int_\alpha^\beta (x-\alpha)(x-\beta)dx = -\dfrac{1}{6}(\beta-\alpha)^3$ を利用せよ

―〈練習　6・3・1〉―

　放物線 $C: y=x^2$ と直線 l が $0\leq x\leq 1$ において，$x=p$ と $x=p+q$ $(0\leq p\leq p+q\leq 1)$ なる2点で交わっている．ただし，$q=0$ のときの l は，$x=p$ での C の接線とする．

　このとき，$0\leq x\leq 1$ で C と l にはさまれた部分の面積の和（右図のアミ部分の面積の和）を S とおく．

　S を p, q を用いて表せ．

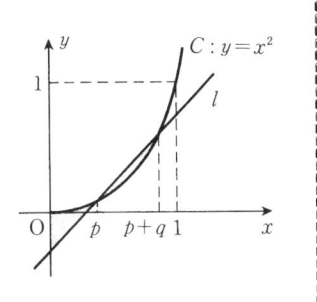

[解答] l は2点 (p, p^2), $(p+q, (p+q)^2)$ を通るから，その方程式は，$q\neq 0$ のとき，

$$y - p^2 = \dfrac{(p+q)^2 - p^2}{(p+q) - p}(x - p)$$

$$\therefore\ y = (2p+q)x - p(p+q) \quad \cdots\cdots ①$$

となる．これは $q=0$ のときにも成立する．

　よって，l の方程式は ① である．いま，

$$f(x) = x^2 - (2p+q)x + p(p+q)$$

とおくと，問題中の図を参考にして，

$$\begin{aligned}
S &= \int_0^p f(x)dx + \int_p^{p+q}\{-f(x)\}dx + \int_{p+q}^1 f(x)dx \\
&= \int_0^p f(x)dx - \int_p^{p+q} f(x)dx + \int_{p+q}^1 f(x)dx \\
&= \int_0^p f(x)dx + \int_p^{p+q} f(x)dx + \int_{p+q}^1 f(x)dx - 2\int_p^{p+q} f(x)dx \\
&= \int_0^1 f(x)dx - 2\int_p^{p+q} f(x)dx \quad \cdots\cdots ②
\end{aligned}$$

である．ここで，

$$\begin{aligned}
\int_0^1 f(x)dx &= \left[\dfrac{1}{3}x^3 - \dfrac{2p+q}{2}x^2 + p(p+q)x\right]_0^1 \\
&= \dfrac{1}{3} - \dfrac{2p+q}{2} + p(p+q) \quad \cdots\cdots ③
\end{aligned}$$

$$\begin{aligned}
\int_p^{p+q} f(x)dx &= \int_p^{p+q}\{x-(p+q)\}\{x-p\}dx \\
&= -\dfrac{1}{6}\{(p+q)-p\}^3 = -\dfrac{1}{6}q^3 \quad \cdots\cdots ④
\end{aligned}$$

となるので，③，④ を ② に代入し，整理すると，

$$S = \dfrac{1}{3}q^3 + p(p+q) - \dfrac{1}{2}(2p+q) + \dfrac{1}{3} \quad \cdots\cdots (答)$$

§4 $\int_\alpha^\beta (x-\alpha)^m(\beta-x)^n dx$ は公式に持ち込め

前節の公式を一般化した次の公式も覚えておくと役に立つ．

(公式) $\quad \int_\alpha^\beta (x-\alpha)^m(\beta-x)^n dx = \dfrac{m! \, n!}{(m+n+1)!}(\beta-\alpha)^{m+n+1}$

……(∗)

頻繁に使われるのは，次の2つである．

(1) $m=n=1$ のとき (§3)

$$\int_\alpha^\beta (x-\alpha)(\beta-x) dx = \frac{(\beta-\alpha)^3}{6}$$

(2) $m=2, \ n=1$ とき

$$\int_\alpha^\beta (x-\alpha)^2(\beta-x) dx = \frac{(\beta-\alpha)^4}{12}$$

この公式を利用すると，被積分関数を本来は展開してから積分するべきところを，ほとんど計算することなく答えを得ることができるので都合がよい．

しかし，実際の入試問題に解答するとき，$m=n=1$ の場合を除いて，「公式より…」とすると減点されることもあり得る（なぜならば高校の範囲外だから）．したがって，$m=n=1$ 以外の場合は，公式は検算のために利用し，実際には「解答」に示すように，因数をブロックのまま式変形し計算するという方針をすすめる．

ここで，上述の公式の証明を示しておく．

証明

$\int_\alpha^\beta (x-\alpha)^m (\beta-x)^n dx$

$= \int_0^{\beta-\alpha} y^m \cdot (\beta-\alpha-y)^n dy \quad (\because \ y=x-\alpha \ とおいた)$

$= \left[\dfrac{1}{m+1} y^{m+1} \cdot (\beta-\alpha-y)^n \right]_0^{\beta-\alpha}$

$\qquad + \dfrac{n}{m+1} \int_0^{\beta-\alpha} y^{m+1}(\beta-\alpha-y)^{n-1} dy \quad$ ←部分積分を行った

$= \dfrac{n}{m+1} \int_0^{\beta-\alpha} y^{m+1}(\beta-\alpha-y)^{n-1} dy$

$= \dfrac{n}{m+1} \int_\alpha^\beta (x-\alpha)^{m+1}(\beta-x)^{n-1} dx \quad $……(∗)

ここで，$\int_\alpha^\beta (x-\alpha)^m (\beta-x)^n dx$ を $f(m, n)$ とおくことにすれば，(∗)より次の

漸化式を得る．
$$f(m,\ n)=\frac{n}{m+1}f(m+1,\ n-1)$$
これより，
$$f(m+1,\ n-1)=\frac{n-1}{m+2}f(m+2,\ n-2)$$
$$f(m+2,\ n-2)=\frac{n-2}{m+3}f(m+3,\ n-3)$$
$$\cdots\cdots\cdots\cdots\cdots\cdots\cdots\cdots\cdots\cdots\cdots\cdots\cdots\cdots\cdots$$
$$f(m+n-1,\ 1)=\frac{1}{m+n}f(m+n,\ 0)$$

が成り立ち，これら n 個の式を辺々かけて，両辺の共通因数で割ると，
$$f(m,\ n)=\frac{n}{m+1}\times\frac{n-1}{m+2}\times\cdots\cdots\times\frac{1}{m+n}f(m+n,\ 0)$$
$$=\frac{\frac{n!}{(m+n)!}}{m!}f(m+n,\ 0)=\frac{m!\,n!}{(m+n)!}f(m+n,\ 0)$$
$$\cdots\cdots ①$$

を得る．一方，
$$f(m+n,\ 0)=\int_\alpha^\beta (x-\alpha)^{m+n}(\beta-x)^0 dx$$
$$=\int_\alpha^\beta (x-\alpha)^{m+n}dx$$
$$=\frac{1}{m+n+1}\Big[(x-\alpha)^{m+n+1}\Big]_\alpha^\beta$$
$$=\frac{(\beta-\alpha)^{m+n+1}}{m+n+1} \quad \cdots\cdots ②$$

①，②より，
$$f(m,\ n)=\frac{m!\,n!}{(m+n)!}\cdot\frac{(\beta-\alpha)^{m+n+1}}{m+n+1}$$
$$=\frac{m!\,n!}{(m+n+1)!}(\beta-\alpha)^{m+n+1}$$

[例題 6・4・1]

関数 $f(x)=x^3-3ax$ (a は実数) について,
(1) 曲線 $y=f(x)$ 上の点 P$(2, f(2))$ を通り,点 P 以外の点で曲線 $y=f(x)$ に接する直線 l は,a の値によらず定点を通る.その定点の座標を求めよ.
(2) 曲線 $y=f(x)$ と (1) の直線 l とで囲まれる部分の面積 S を求めよ.

方針

(1) 一般に,曲線 $C:y=f(x)$ について,「C 上にない点 P から C に接線を引く」という問題では「C の $x=t$ における接線:
$$y-f(t)=f'(t)(x-t)$$
を求め,それが点 P を通る条件から,接線の方程式を導く」というのが定石である.本問(1)では,点 P が曲線上の点であるが,点 P で接するわけではないので,定石通りに扱うことになる.

(2) 面積 S を与える積分の被積分関数は曲線 $y=f(x)$ と直線 l に囲まれる部分なので,
$$(x-\alpha)^2(x-\beta)$$
の形に因数分解される.
公式において,$m=2$,$n=1$ の場合なので,
$$\int_\alpha^\beta (x-\alpha)^2(\beta-x)dx=\frac{1}{12}(\beta-\alpha)^4$$
となることを覚えておくと便利である.

なお,解答としては,面積 S を求める際の被積分関数が因数分解されれば,$(x-\alpha)$ の多項式として展開し積分するのが速い.

解答 (1) $y=f(x)=x^3-3ax$ ……①
$$f'(x)=3x^2-3a$$
① の $x=t$ における接線の方程式は,
$$y-(t^3-3at)=(3t^2-3a)(x-t)$$
$$\therefore\ y=(3t^2-3a)x-2t^3\quad\cdots\cdots\text{②}$$
となり,これが点 P$(2, 8-6a)$ を通ることより,
$$8-6a=(3t^2-3a)\cdot 2-2t^3$$
$$\therefore\ t^3-3t^2+4=0$$
$$\therefore\ (t-2)^2(t+1)=0$$
点 P 以外で曲線に接するので,$t\neq 2$
$$\therefore\ t=-1$$
これを ② に代入して,接線 l の方程式は,

$$y = 3(1-a)x + 2$$

パラメータ a を分離して，$3ax = 3x + 2 - y$ となる．
よって，l は a の値によらず定点 $(0, 2)$ を通る．　……（答）

(2) $-1 \leqq x \leqq 2$ で，$y = 3(1-a)+2$ と $y = x^3 - 3ax$ の上下関係を調べる．

$$3(1-a)x + 2 - (x^3 - 3ax)$$
$$= -x^3 + 3x + 2 = (x+1)^2(2-x) \geqq 0$$

なので，曲線 $y = f(x)$ と接線 l の位置関係は図 2 のようになる．

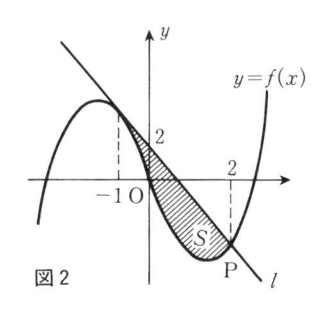

よって，求める面積 S は，

$$S = \int_{-1}^{2} (x+1)^2 (2-x)dx$$
$$= \int_{-1}^{2} (x+1)^2 \{3 - (x+1)\}dx$$
$$= \int_{-1}^{2} \{3(x+1)^2 - (x+1)^3\}dx$$
$$= \left[(x+1)^3 - \frac{1}{4}(x+1)^4 \right]_{-1}^{2} = \frac{27}{4}$$

……（答）

図 2

[補足] (2) の結果より，a の値の変化にともない曲線 $y = f(x)$ と直線 l も変化するが，それらが囲む部分の面積は一定であることがわかる．

具体例として，曲線

$$y = f(x) \text{ の } a = \frac{4}{3}, \frac{3}{2}$$

のときの概形を示す（図 3）．S を求める際に用いた被積分関数

$$y = -x^3 + 3x + 2$$

と比較し，確認せよ．

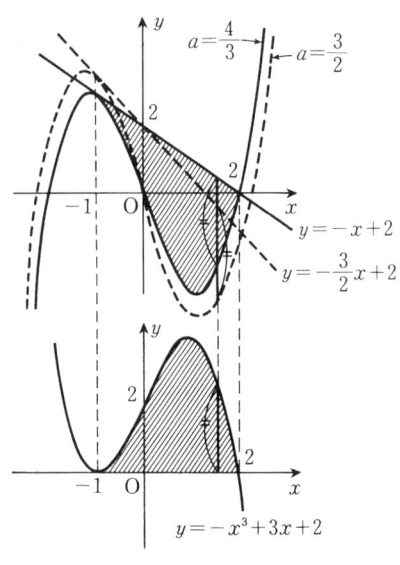

図 3

⎡〈練習　6・4・1〉
4次関数
$$f(x) = x^4 + ax^3 + bx^2$$
について次の問いに答えよ．
(1) $y = f(x)$ のグラフが異なる2点で接する直線をもつために a, b が満たす条件を求め，さらにその接線の方程式を求めよ．
(2) (1)の条件の下で曲線 $y = f(x)$ と(1)で求めた接線で囲まれた図形の面積を求めよ．⎦

[方針] **1** 〈計算が大変になる方針〉

(1) 2つの接点の x 座標を α, β とするとき，まず，$x = \alpha$ における接線の方程式を求める．続いて，その接線が曲線 $y = f(x)$ に接する条件より，a, b の条件，および，接線の方程式を求める．

(2) 求める面積を S とすると，
$$S = \int_\alpha^\beta \left\{ x^4 + ax^3 + bx^2 + \frac{1}{8}a(a^2 - 4b)x - \frac{1}{64}(a^2 - 4b)^2 \right\} dx$$
となるが，このままの形で，積分の計算を実行する．

[方針] **2**

(1) 「接することを2次以上の因数で表現する」という方針に従う．
(2) 被積分関数が，
$$S = \int_\alpha^\beta (x - \alpha)^2 (x - \beta)^2 dx$$
のように，因数分解できることを利用する．公式を利用すると，
$$S = \frac{2！2！}{5！}(\beta - \alpha)^5 = \frac{1}{30}(\beta - \alpha)^5$$

[解答] （〈方針2〉に従った解答）
(1) 求める接線の方程式を
$$y = mx + n$$
とおく．
　題意より，2つの接点の x 座標を α, β とすると，
$$x^4 + ax^3 + bx^2 - (mx + n) = (x - \alpha)^2 (x - \beta)^2$$
とかくことができる．
　右辺を展開すると，
$$x^4 + ax^3 + bx^2 - mx - n = x^4 - 2(\alpha + \beta)x^3 + \{2\alpha\beta + (\alpha + \beta)^2\}x^2$$
$$- 2\alpha\beta(\alpha + \beta)x + \alpha^2\beta^2$$

両辺の係数を比較すると，
$$\begin{cases} a = -2(\alpha+\beta) & \cdots\cdots ① \\ b = \alpha^2 + 4\alpha\beta + \beta^2 & \cdots\cdots ② \\ -m = -2\alpha\beta(\alpha+\beta) & \cdots\cdots ③ \\ -n = \alpha^2\beta^2 & \cdots\cdots ④ \end{cases}$$

①，② より，
$$\begin{cases} \alpha+\beta = -\dfrac{1}{2}a \\ \alpha\beta = \dfrac{b-(\alpha+\beta)^2}{2} = \dfrac{b-\left(-\dfrac{1}{2}a\right)^2}{2} = -\dfrac{1}{8}(a^2-4b) \end{cases} \cdots\cdots ⑤$$

よって，α, β は t の 2 次方程式
$$t^2 + \dfrac{1}{2}at - \dfrac{1}{8}(a^2-4b) = 0 \quad \cdots\cdots ⑦$$

の解である．α, β は相異なる 2 つの実数解だから，⑦ の判別式 >0 より
$$\left(\dfrac{1}{2}a\right)^2 - 4\left\{-\dfrac{1}{8}(a^2-4b)\right\} > 0$$

ゆえに，求める a, b の条件は，これを整理して，
$$\mathbf{3a^2 - 8b > 0} \quad \cdots\cdots (答)$$

また，③，④，⑤ より，
$$m = \dfrac{1}{8}a(a^2-4b)$$
$$n = -\dfrac{1}{64}(a^2-4b)^2$$

よって，求める接線の方程式は，
$$\boldsymbol{y = \dfrac{1}{8}a(a^2-4b)x - \dfrac{1}{64}(a^2-4b)^2} \quad \cdots\cdots (答)$$

(2) 求める面積を S とすると，
$$S = \int_\alpha^\beta \{x^4 + ax^3 + bx^2 - (mx+n)\}dx$$
$$= \int_\alpha^\beta (x-\alpha)^2(x-\beta)^2 dx$$

である（図 2）．

ここで，
$$(x-\alpha)^2(x-\beta)^2 = (x-\alpha)^2\{(x-\alpha)-(\beta-\alpha)\}^2$$
$$= (x-\alpha)^2\{(x-\alpha)^2 - 2(\beta-\alpha)(x-\alpha) + (\beta-\alpha)^2\}$$
$$= (x-\alpha)^4 - 2(\beta-\alpha)(x-\alpha)^3 + (\beta-\alpha)^2(x-\alpha)^2$$

である．

よって，

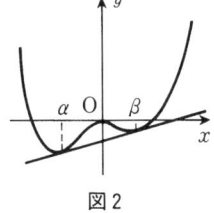

図 2

$$S = \left[\frac{1}{5}(x-\alpha)^5 - \frac{1}{2}(\beta-\alpha)(x-\alpha)^4 + \frac{1}{3}(\beta-\alpha)^2(x-\alpha)^3\right]_\alpha^\beta$$

$$= \left(\frac{1}{5} - \frac{1}{2} + \frac{1}{3}\right)(\beta-\alpha)^5 = \frac{1}{30}(\beta-\alpha)^5 \quad \cdots\cdots ⑥$$

⑤ より，

$$(\beta-\alpha)^2 = (\alpha+\beta)^2 - 4\alpha\beta = \frac{1}{4}a^2 + \frac{1}{2}(a^2-4b) = \frac{1}{4}(3a^2-8b)$$

これを ⑥ に代入して，

$$S = \frac{1}{30}\cdot\left\{\frac{1}{4}(3a^2-8b)\right\}^{\frac{5}{2}} = \frac{1}{30}\cdot\left(\frac{1}{2}\right)^5\cdot\sqrt{(3a^2-8b)^5}$$

$$= \frac{1}{30}\cdot\frac{1}{32}\cdot\sqrt{(3a^2-8b)^5} = \frac{1}{960}\sqrt{(3\boldsymbol{a}^2-8\boldsymbol{b})^5} \quad \cdots\cdots \text{(答)}$$

----〈練習 6・4・2〉-------------------------------
　　放物線 $y = x^2 + px + q$ と x 軸で囲まれた図形を x 軸のまわりに回転してできる立体の体積を求めよ．ただし，$p^2 - 4q > 0$ とする．　　　　　　（武蔵野美大）

[解答] （判別式）$= q^2 - 4q > 0$ より，$x^2 + px + q = 0$ は相異なる実数解をもつが，それらを $\alpha, \beta \ (\alpha < \beta)$ とする．

このとき，求める体積 V は，

$$V = \pi\int_\alpha^\beta (x-\alpha)^2(x-\beta)^2 dx \quad \cdots\cdots (*) \quad \leftarrow V = \pi\int_\alpha^\beta y^2 dx, \ y = (x-\alpha)(x-\beta)$$

により求められる．

$$(x-\alpha)^2(x-\beta)^2 = (x-\alpha)^2\{(x-\alpha)-(\beta-\alpha)\}^2$$
$$= (x-\alpha)^4 - 2(\beta-\alpha)(x-\alpha)^3 + (\beta-\alpha)^2(x-\alpha)^2$$

であることに注意して，

$$V = \pi\left[\frac{(x-\alpha)^5}{5} - \frac{(\beta-\alpha)(x-\alpha)^4}{2} + \frac{(\beta-\alpha)^2(x-\alpha)^3}{3}\right]_\alpha^\beta$$

$$= \pi\left(\frac{1}{5} - \frac{1}{2} + \frac{1}{3}\right)(\beta-\alpha)^5 = \frac{\pi}{30}(\beta-\alpha)^5$$

ここで，解と係数の関係より，$\alpha + \beta = -p, \ \alpha\beta = q$ だから

$$(\beta-\alpha)^2 = (\beta+\alpha)^2 - 4\alpha\beta = p^2 - 4q$$

したがって，

$$V = \frac{\boldsymbol{\pi}}{30}(\boldsymbol{p}^2 - 4\boldsymbol{q})^{\frac{5}{2}} \quad \cdots\cdots \text{(答)}$$

[補足] （*）の段階で公式を用いると，

$$V = \frac{2!\,2!\,\pi}{(2+2+1)!}(\beta-\alpha)^{2+2+1} = \frac{\pi}{30}(\beta-\alpha)^5 = \frac{\pi}{30}(p^2-4q)^{\frac{5}{2}}$$

となる．

§5 $\sqrt{a^2-x^2}$ の積分は扇形に帰着せよ

一般に，$\int \sqrt{1-x^2}dx$ という形をした積分は，
$$x=\sin\theta, \quad dx=\cos\theta d\theta$$
と置き換えて，置換積分を実行することにより解くことができる．しかし，この置き換えをしても，被積分関数は三角関数で与えられるので，その計算は容易ではない．そこで，この置換積分を回避する方法として半円の面積との関係を利用して求めることが，しばしば用いられる有効な手法である．以下の具体例でこの手法を解説しよう．

（例） 次の積分 I を計算せよ．
$$I=\int_0^1 \sqrt{1-\frac{x^2}{4}}dx$$

（見通しの悪い解答）
$$x=2\sin\theta$$
と置き換える．このとき，
$$dx=2\cos\theta d\theta$$

x	0	$\longrightarrow$	1
θ	0	$\longrightarrow$	$\dfrac{\pi}{6}$

したがって，
$$\begin{aligned}
I &= \int_0^{\frac{\pi}{6}} \sqrt{1-\sin^2\theta} \cdot 2\cos\theta d\theta \\
&= 2\int_0^{\frac{\pi}{6}} \cos^2\theta d\theta \qquad \leftarrow \cos^2\theta=\frac{\cos 2\theta+1}{2} \\
&= \int_0^{\frac{\pi}{6}} (1+\cos 2\theta) d\theta \\
&= \left[\theta+\frac{1}{2}\sin 2\theta\right]_0^{\frac{\pi}{6}} \qquad \leftarrow \int\cos ax dx = \frac{1}{a}\sin ax + C \text{（C は積分定数）} \\
&= \frac{\pi}{6}+\frac{\sqrt{3}}{4}
\end{aligned}$$

（補助円を利用した解法）
$$I=\frac{1}{2}\int_0^1 \sqrt{4-x^2}dx$$
と被積分関数を変形する．被積分関数 $\sqrt{4-x^2}$ は，
$$y=\sqrt{4-x^2} \iff x^2+y^2=4 \ (y\geq 0)$$
より，円の上半分（$y\geq 0$ の部分）を表す．したがって，積分 I は図1の斜線部の面

積の半分である．

よって，$I = \dfrac{1}{2}\left\{ \begin{array}{c}\text{(扇形)}\end{array} + \begin{array}{c}\text{(三角形)}\end{array} \right\}$

$= \dfrac{1}{2}\left\{ \dfrac{1}{2} \cdot 2^2 \cdot \dfrac{\pi}{6} + 1 \cdot \sqrt{3} \cdot \dfrac{1}{2} \right\}$

$= \dfrac{\pi}{6} + \dfrac{\sqrt{3}}{4}$ ……(答)

図1

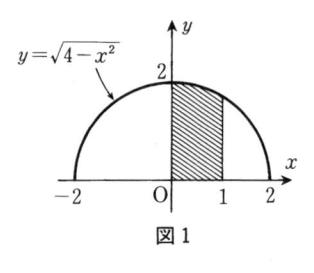

このように，半円の面積との関係を利用すると，積分 I を計算することは扇形と三角形の面積を求めることに帰着でき，煩わしい置換積分をすることなく計算することができる．

〈扇形の面積〉

中心角 θ，半径 l の扇形の面積 S を求める公式は，$S = \dfrac{1}{2}\theta l^2$ である．

[例題 6・5・1]

だ円：$\dfrac{(x-a)^2}{a^2} + \dfrac{y^2}{b^2} = 1$ ……①

と，

直線：$y = \dfrac{b}{\sqrt{3}a}x$ ……②

がある．（ただし，$a > 0$，$b > 0$）

(1) だ円①と直線②との交点の x 座標を求めよ．

(2) だ円①と直線②が囲む領域のうち，$y \geq \dfrac{b}{\sqrt{3}a}$ を満たすほうの図形の面積を求めよ．

方針 1 〈計算が大変になる方針〉

(2)で求める面積は，$\displaystyle\int_{\alpha}^{\beta}\sqrt{1-x^2}dx$ の形で与えられ，置換積分によりその積分を解く．

方針 2

$\sqrt{a^2-(x-a)^2}$ の積分は，扇形と三角形の面積の組み合わせにより，積分の計算を回避する．

解答 だ円①と直線②を図示すると，図1のようになる．

(1) だ円①と直線②との交点の x 座標は，②を①に代入して，y を消去した方程式の2解である．

$$\frac{(x-a)^2}{a^2}+\frac{1}{b^2}\left(\frac{b}{\sqrt{3}a}x\right)^2=1$$

$\iff b^2(x-a)^2+\dfrac{b^2}{3}x^2=a^2b^2$

$\iff 3(x-a)^2+x^2=3a^2 \iff 4x^2-6ax=0$

$\iff 2x(2x-3a)=0 \quad \therefore\ x=\mathbf{0},\ \dfrac{\mathbf{3}}{\mathbf{2}}\mathbf{a}$ ……（答）

(2) 面積を求める図形は，図2の斜線部である．
斜線部を囲む曲線の方程式は，①より，

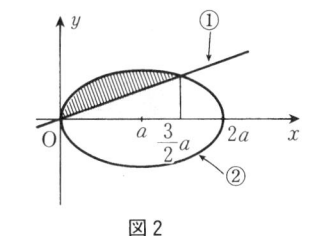

$$y=\frac{b}{a}\sqrt{a^2-(x-a)^2}$$

である．求める面積を S とすると，

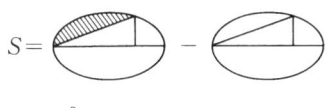

$S=$ （図） $-$ （図）

$=\displaystyle\int_0^{\frac{3}{2}a}\frac{b}{a}\sqrt{a^2-(x-a)^2}\,dx-\frac{1}{2}\cdot\frac{3}{2}a\cdot\frac{b}{\sqrt{3}a}\cdot\frac{3}{2}a$

$=\dfrac{b}{a}\displaystyle\int_0^{\frac{3}{2}a}\sqrt{a^2-(x-a)^2}\,dx-\dfrac{3\sqrt{3}}{8}ab$

である．$\displaystyle\int_0^{\frac{3}{2}a}\sqrt{a^2-(x-a)^2}\,dx$ の被積分関数は，

$y=\sqrt{a^2-(x-a)^2}$

$\iff y^2=a^2-(x-a)^2 \quad (y\geqq 0)$

$\iff (x-a)^2+y^2=a^2 \quad (y\geqq 0)$

より，中心 $(a,\ 0)$，半径 a の円の上半分（$y\geqq 0$ の部分）を表すことがわかる．

したがって，積分 $\displaystyle\int_0^{\frac{3}{2}a}\sqrt{a^2-(x-a)^2}\,dx$ は，図3の斜線部の面積を表す．よって，

$\displaystyle\int_0^{\frac{3}{2}a}\sqrt{a^2-(x-a)^2}\,dx$

$=$ （扇形 $\dfrac{2}{3}\pi$）$+$ （扇形 $\dfrac{\pi}{3}$）

$$= \frac{1}{2}a^2 \frac{2}{3}\pi + \frac{a}{2} \cdot \frac{\sqrt{3}}{2}a \cdot \frac{1}{2}$$

$$= \frac{a^2}{3}\pi + \frac{\sqrt{3}}{8}a^2$$

よって，求める面積 S は，

$$S = \frac{b}{a}\left(\frac{\sqrt{3}}{8}a^2 + \frac{a^2}{3}\pi\right) - \frac{3\sqrt{3}}{8}ab$$

$$= \frac{ab}{3}\pi - \frac{\sqrt{3}}{4}ab \quad \cdots\cdots (答)$$

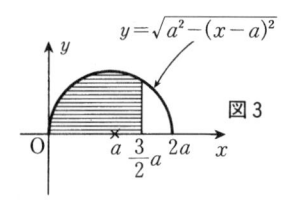

─〈練習 6・5・1〉─────────────────────

xy 平面上の点 $(0, a)$ を中心とする半径 r $(0 < r \leq a)$ の円を C とし，C で囲まれる図形の $y \geq a$ にある部分を D とする．さらに D を x 軸のまわりに 1 回転してできる立体を K とする．このとき次の各問いに答えよ．

(1) 定積分 $\int_0^r \sqrt{r^2 - x^2}\,dx$ の値を求めよ．ただし答えのみでよい．

(2) 立体 K の体積 V を求めよ． (東京農工大（改））

[解 答] (1) $\int_0^r \sqrt{r^2 - x^2}\,dx$

は右図のような円の $\dfrac{1}{4}$ の部分の面積を表す．

$$\frac{\pi}{4}r^2 \quad \cdots\cdots (答)$$

(2) $V = 2\int_0^r \pi(a + \sqrt{r^2 - x^2})^2 dx - \pi a^2 \cdot 2r$

$$= 2\pi \int_0^r (a^2 + r^2 - x^2)\,dx$$
$$\quad + 4\pi a \int_0^r \sqrt{r^2 - x^2}\,dx - 2\pi a^2 r$$

$$= 2\pi \left[(a^2 + r^2)x - \frac{x^3}{3}\right]_0^r + \pi^2 a r^2 - 2\pi a^2 r$$

$$= \frac{4}{3}\pi r^3 + \pi^2 a r^2 \quad \cdots\cdots (答)$$

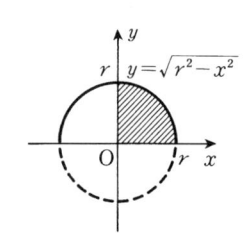

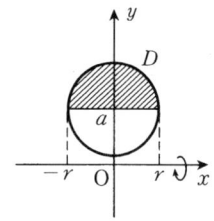

§6 積分を避け，台形や三角形に分割せよ

曲線 $y=f(x)$ と直線 $y=g(x)$ に囲まれる図1のような図形の面積 S を求めるときは，
$$S=\int_\alpha^\beta \{f(x)-g(x)\}dx$$
とするよりも，台形 ABCD を利用して，
$$S=\int_\alpha^\beta f(x)dx - (\text{台形 ABCD の面積})$$
としたほうがよい．

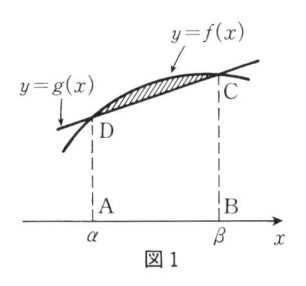

図 1

［例題 6・6・1］

xy 平面において，曲線 $y=\frac{1}{2}x^2+x+2$ $(-2\leq x\leq 1)$ を，原点 O を中心として時計まわりに $45°$ 回転してできる曲線を C とする．

(1) C 上の点のうち，y 座標が最大になる点と最小になる点の座標を求めよ．

(2) 曲線 C の両端から x 軸へ下ろした 2 本の垂線および x 軸で囲まれた部分の面積 S を求めよ．　　　　　　　　　　　　　　　　　　（茨城大）

曲線 C を原点 O を中心として反時計まわりに $45°$ 回転すると放物線 $y=\frac{1}{2}x^2+x+2$ $(-2\leq x\leq 1)$ になることから，曲線 C と x，y 軸との関係は，放物線 $y=\frac{1}{2}x^2+x+2$ と直線 $y=x$，$y=-x$ との関係に等しい（図 1）．

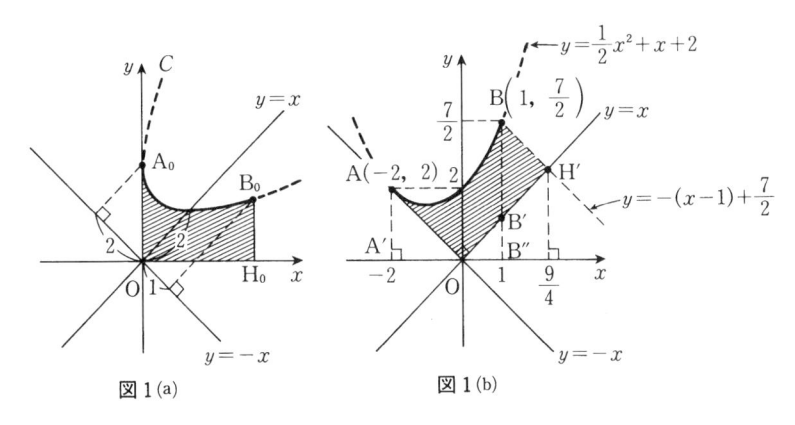

図 1(a)　　　図 1(b)

(2) に関して次の 3 つの方針が考えられる．

136　第6章　積分計算の簡略法

方針 1 〈計算が大変な方針〉

曲線 C の方程式 $y=f(x)$ を求め，
$$S=\int_0^h f(x)dx$$
として求める．(ただし，図1(a)における点 H_0 の x 座標を h とする．) 点 (x, y) を時計まわりに $45°$ 回転した点を原点 O を中心として (x', y') とすると
$$\begin{pmatrix} \cos(-45°) & -\sin(-45°) \\ \sin(-45°) & \cos(-45°) \end{pmatrix} \begin{pmatrix} x \\ y \end{pmatrix} = \begin{pmatrix} x' \\ y' \end{pmatrix}$$
$$\therefore \begin{pmatrix} x \\ y \end{pmatrix} = \begin{pmatrix} \dfrac{1}{\sqrt{2}}(x'-y') \\ \dfrac{1}{\sqrt{2}}(x'+y') \end{pmatrix}$$

$x=\dfrac{1}{\sqrt{2}}(x'-y')$, $y=\dfrac{1}{\sqrt{2}}(x'+y')$ を $y=\dfrac{1}{2}x^2+x+2$ に代入して得られる式が曲線 C の方程式である．
しかし，この解法に従うと計算が大変である．

方針 2 〈計算が大変な方針〉

図1(b)の斜線部分の面積を次のように，積分一辺倒で求める．
$$S=\int_{-2}^{0}\left\{\frac{1}{2}x^2+x+2-(-x)\right\}dx+\int_{0}^{1}\left\{\frac{1}{2}x^2+x+2-x\right\}dx$$
$$+\int_{1}^{\frac{9}{4}}\left\{-(x-1)+\frac{7}{2}-x\right\}dx$$

方針 3

図1(b)の斜線部分の面積を次のように分割して求める．

$$S=\triangle BB'H' + \text{(斜線部分)} - \triangle OB'B'' - \triangle OAA'$$

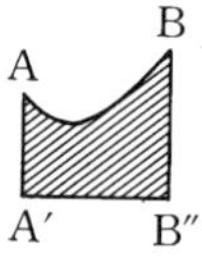

〈方針2〉よりも〈方針3〉の方が計算が楽である．

§6 積分を避け，台形や三角形に分割せよ　137

図2

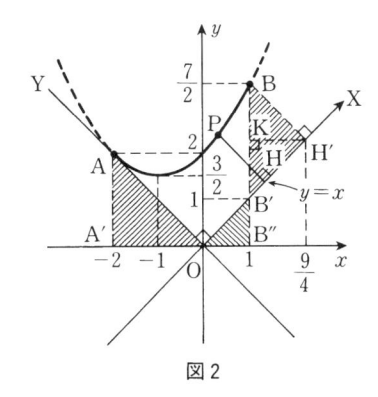

解答　(1) 図1(a)の状態でなく，図1(b)の状態で考える．すなわち，曲線 C 上の点で，y 座標が最大または最小になる点の回転前の位置は，放物線

$$y=\frac{1}{2}x^2+x+2 \quad (-2 \leq x \leq 1) \quad \cdots\cdots ①$$

上の点で直線 $y=x$ への距離が最大，最小な点である．したがって，①上 $(-2 \leq x \leq 1)$ の点 (x, y) から直線 $y=x$ への距離 PH の最大，最小を考える．

$$PH = \frac{|x-y|}{\sqrt{1^2+(-1)^2}}$$

$$= \frac{\left|x-\left(\frac{1}{2}x^2+x+2\right)\right|}{\sqrt{2}}$$

$$= \frac{1}{2\sqrt{2}}x^2+\sqrt{2}$$

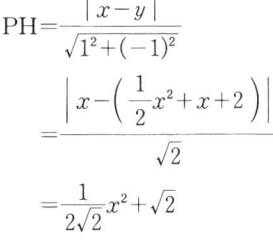

図3から，PHが

　　最大になるのは $x=-2$
　　最小になるのは $x=0$

すなわち，点 $(-2, 2)$ で最大，点 $(0, 2)$ で最小となる．求める座標はこれを $-45°$ 回転して，

　　最大となるのは $(0, 2\sqrt{2})$
　　最小となるのは $(\sqrt{2}, \sqrt{2})$ 　　……(答)

(2) まず，図2の △BB'H' で

$$KH' = \frac{9}{4}-1 = \frac{5}{4}$$

図3

$$\therefore\ S=\int_{-2}^{1}\left(\frac{x^2}{2}+x+2\right)dx-\triangle\text{OAA}'-\triangle\text{OB}'\text{B}''+\triangle\text{BB}'\text{H}'$$

$$=\left[\frac{x^3}{6}+\frac{x^2}{2}+2x\right]_{-2}^{1}-\frac{1}{2}\cdot 2\cdot 2-\frac{1}{2}\cdot 1\cdot 1+\frac{1}{2}\cdot\frac{5}{4}\cdot\frac{5}{2}$$

$$=\frac{81}{16}\quad\cdots\cdots\text{(答)}$$

─〈練習 6・6・1〉──────────────

曲線 $y=x^3$ ($x>0$) の上に点 A $(a,\ a^3)$ がある.さらに,点 B$(b,\ b^3)$ ($b>a$) をとり,点 A で引いたこの曲線の接線と直線 $x=b$ との交点を C とする.

線分 AB とこの曲線とで囲まれた図形の面積を S_1,線分 AC,CB とこの曲線とで囲まれた図形の面積を S_2 とする.

このとき,$\displaystyle\lim_{b\to a}\frac{S_1}{S_2}$ を求めよ.

──────────────────────

方針 1 〈計算が大変な方針〉

直線 AB の方程式:
$$y=\frac{b^3-a^3}{b-a}(x-a)+a^3\ (=l(x)\ \text{とする.})$$
を求め,これを用いて S_1 を求める.

$$S_1=\int_a^b(l(x)-x^3)dx$$

$$=\int_a^b\left\{\frac{b^3-a^3}{b-a}(x-a)+a^3-x^3\right\}dx$$

$$=\int_a^b\{(b^2+ab+a^2)x-ab^2-a^2b-x^3\}dx$$

$$=\left[(b^2+ab+a^2)\frac{x^2}{2}-ab(b+a)x-\frac{x^4}{4}\right]_a^b$$

$$=(b^2+ab+a^2)\frac{b^2-a^2}{2}-ab(b+a)(b-a)-\frac{1}{4}(b^4-a^4)$$

$$=\frac{b^2-a^2}{4}\{2(b^2+ab+a^2)-4ab-(b^2+a^2)\}$$

$$=\frac{b^2-a^2}{4}(b^2-2ab+a^2)=\frac{b^2-a^2}{4}(b-a)^2$$

$$=\frac{(b-a)^3}{4}(b+a)$$

「因数をくくり出そう」という目的意識をもって式変形するとしても,結構大変な計算になる.

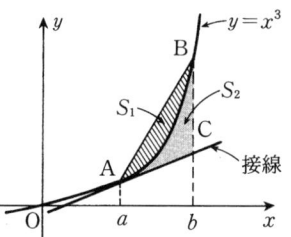

方針 2

S_1, S_2 の面積を，それらに接する台形などの面積の求めやすい図形を利用して求める．点 A における接線の方程式を求める．
$$y' = 3x^2$$
より，
$$y - a^3 = 3a^2(x-a)$$
$$y = 3a^2 x - 2a^3$$
ゆえに点 C の座標は
$$C\ (b,\ 3a^2 b - 2a^3)$$
である．

$S_1 =$ [図] $-$ [図]

$$= (a^3 + b^3)(b-a)\frac{1}{2} - \int_a^b x^3 dx$$
$$= (a^3 + b^3)(b-a)\frac{1}{2} - \left[\frac{x^4}{4}\right]_a^b$$
$$= (a^3 + b^3)(b-a)\frac{1}{2} - \frac{1}{4}(b^4 - a^4)$$
$$= \frac{1}{4}(b-a)\{2(a^3 + b^3) - (b+a)(b^2 + a^2)\}$$
$$= \frac{1}{4}(b-a)(a^3 + b^3 - ba^2 - ab^2)$$
$$= \frac{1}{4}(b-a)\{(a+b)(a^2 - ab + b^2) - ab(a+b)\}$$
$$= \frac{1}{4}(b-a)(a+b)(a^2 - 2ab + b^2)$$
$$= \frac{1}{4}(b-a)^3(b+a)$$

$S_2 =$ [図] $-$ [図]

$$= \int_a^b x^3 dx - (a^3 + 3a^2 b - 2a^3)(b-a)\frac{1}{2}$$
$$= \frac{1}{4}(b^4 - a^4) - (3a^2 b - a^3)(b-a)\frac{1}{2}$$
$$= \frac{1}{4}(b-a)\{(b^2 + a^2)(b+a) - 2(3a^2 b - a^3)\}$$

140 第6章 積分計算の簡略法

$$= \frac{1}{4}(b-a)(3a^3-5a^2b+ab^2+b^3)$$

$$= \frac{1}{4}(b-a)^3(3a+b)$$

よって，

$$\lim_{b \to a} \frac{S_1}{S_2} = \lim_{b \to a} \frac{a+b}{3a+b} = \frac{2a}{4a} = \frac{1}{2} \quad \cdots\cdots \text{(答)}$$

方針 3

点 A が原点 O となるように平行移動する．さらに，S_1，S_2 の面積を，三角形などの図形に帰着させて求める．

解答 点 A が原点 O にくるように平行移動した曲線の方程式は，

$$y=(x+a)^3-a^3$$

である．$f(x)=(x+a)^3-a^3$ とおき，点 B の x 座標を，$b-a=c$ とおくと，

$$B(c, f(c))$$

である．

点 A（すなわち，原点）における曲線 $y=f(x)$ の接線の方程式は，$y'=3(x+a)^2$ より，

$$y=3a^2x$$

である．

ここで，$g(x)=3a^2x$ とおくと，点 C の座標は，

$$C(c, g(c))$$

である．

$$S_1 = \underset{A}{\overset{B}{\triangle}} - \underset{A}{\overset{B}{\triangle}}$$

により，S_1 を求める．

$$S_1 = c(c^3+3c^2a+3ca^2) \times \frac{1}{2} - \int_0^c \{(x+a)^3-a^3\}dx$$

$$= \frac{1}{2}(c^4+3c^3a+3c^2a^2) - \int_0^c (x^3+3x^2a+3xa^2)dx$$

$$= \frac{1}{2}(c^4+3c^3a+3c^2a^2) - \left[\frac{x^4}{4}+x^3a+\frac{3}{2}x^2a^2\right]_0^c$$

$$= \frac{1}{2}(c^4+3c^3a+3c^2a^2) - \left(\frac{c^4}{4}+c^3a+\frac{3}{2}c^2a^2\right)$$

$$= \frac{c^4}{4} + \frac{ac^3}{2} = \frac{c^3(c+2a)}{4} \quad \cdots\cdots ①$$

$$S_2 = \triangle_{AB} - \triangle_{AC}$$

により S_2 を求める．

$$S_2 = \int_0^c \{(x+a)^3 - a^3\}dx - c \times g(c) \times \frac{1}{2}$$

$$= \left(\frac{c^4}{4} + c^3 a + \frac{3}{2}c^2 a^2\right) - 3a^2 c^2 \cdot \frac{1}{2} \quad \leftarrow S_1 \text{のときの計算を利用}$$

$$= \frac{c^4}{4} + ac^3$$

$$= \frac{c^3(c+4a)}{4} \quad \cdots\cdots ②$$

$b \to a$ は $c \to 0$ に相当することに注意して，①，②より，

$$\lim_{b \to a} \frac{S_1}{S_2} = \lim_{c \to 0} \frac{c+2a}{c+4a} = \frac{1}{2} \quad \cdots\cdots \text{(答)}$$

あ と が き

　数学の上手な計算のしかたに主眼をおき，人より早く正確に合格答案を作るプロセスを，紙面を惜しまずに解説するという贅沢な本は今まで世に存在しなかった．そこで，計算の回避のしかたを修得することだけに焦点を絞り，その結果として，読者の数学的能力を開発することができるような本の出現が期待されていた．そんな本の執筆を筆者が駿台文庫と約束して以来，恐らく10年位の歳月が流れたであろう．本シリーズは最初の6巻が平成元年に出版されて以来，幸いなことに多くの受験生から愛読され，数多くの版を重ねることができた．残りの1巻も早く出版しなければいけないと考えながらも，筆者の怠慢のため完成が大幅に遅れてしまった．しかしながら，遅れたことがかえってよかったこともあった．それは，本書にはその原型とも言える講習会用のテキスト"計算回避の技術"が存在していたので，それをもとに，何年もの間受験生からの反応を見ながら，本書の原稿を草案の段階で何回も改良を重ねることができたことである．その結果，読者が独力でも本書を十分に理解できるレベルに内容を統一することができた．また，このテキストを使って授業をしてくださった駿台予備学校の諸先生方から多くの建設的な意見をいただくことができた．この場を借りて御礼申し上げる．

　さらに，数十万人にものぼる駿台予備学校での教え子諸君からの，本シリーズまたは本巻の作成の各局面における，直接的または間接的な協力，激励，コメントなども筆者にとって大きな支えとなった．また，読者の立場から本シリーズの原稿を精読し，解説の曖昧な箇所，議論のギャップなどを指摘し，本書を読みやすくすることに終始努めてくださった松永清子さん，酒井利訓氏に衷心より感謝する．さらに，筆者に辛抱強くつきあってくださった駿台文庫名編集長冨田豊氏およびシリーズの編集担当者原敏明氏，伊藤良孝氏に深遠なる感謝の意を表する．

　最後に，本シリーズの特色のひとつである"ビジュアルな講義"を紙上に美しく再現してくださったイラストレーターの芝野公二氏にも心より感謝を奉げる．

平成7年4月
秋山　仁

著者略歴

秋山 仁（あきやま・じん）
ヨーロッパ科学アカデミー会員
東京理科大学栄誉教授，駿台予備学校顧問
グラフ理論，離散幾何学の分野の草分け的研究者．1985年に欧文専門誌"Graphs& Combinatorics"をSpringer社より創刊．グラフの分解性や因子理論，平行多面体の変身性や分解性などに関する百数十編の論文を発表．海外の数十ヶ国の大学の教壇に立つ．1991年よりNHKテレビやラジオなどで，数学の魅力や考え方をわかりやすく伝えている．日本数学会出版賞受賞（2016年），クリストファ・コロンブス賞受賞（2021年）．著書に『数学に恋したくなる話』（PHP研究所），『秋山仁のこんなところにも数学が！』（扶桑社），『Factors& Factorizations of Graphs』（Springer），『A Day's Adventure in Math Wonderland』（World Scientific），『Treks into Intuitive Geometry』（Springer）など多数

編集担当	上村紗帆（森北出版）
編集責任	石田昇司（森北出版）
印　　刷	丸井工文社
製　　本	同

発見的教授法による数学シリーズ別巻2
数学の計算回避のしかた　　　© 秋山 仁 2014
2014年7月22日　第1版第1刷発行　【本書の無断転載を禁ず】
2025年8月25日　第1版第3刷発行

著　者　秋山 仁
発行者　森北博巳
発行所　森北出版株式会社

東京都千代田区富士見1-4-11（〒102-0071）
電話 03-3265-8341／FAX 03-3264-8709
https://www.morikita.co.jp/
日本書籍出版協会・自然科学書協会　会員
JCOPY ＜（一社）出版者著作権管理機構　委託出版物＞

落丁・乱丁本はお取替えいたします．

Printed in Japan／ISBN978-4-627-01271-4

別巻1　1次変換のしくみ

1　直線のベクトル表示と不動直線のしくみ
1. 1次変換によって向き不変のベクトルを捜せ
2. 不動直線のメカニズム
3. 行列の n 乗の求め方のカラクリ

2　1次変換の幾何学的考察のしかた
1. 合同(等長)1次変換と相似(等角)1次変換を表す行列の判定法とそれらの性質の利用
2. 対称な形の行列(対称行列)は回転行列によって対角化せよ
3. 射影を表す行列の見抜き方と，どの方向に沿ってどの直線に射影されるのかの判定法
4. 図形の1次変換による面積と向きの変化

別巻2　数学の計算回避のしかた

1　次数の考慮
1. 解と係数の関係を利用せよ
2. 2次以上の計算を回避せよ
3. 接することを高次の因数で表せ
4. 積や商は対数をとれ

2　図の利用
1. 計算のみに頼らず，グラフを活用せよ
2. 傾きに帰着せよ

3　対称性の利用
1. 基本対称式の利用
2. 対称図形は基本パターンに絞れ
3. 折れ線は折り返せ(フェルマーの原理)
4. 3次関数は点対称性を利用せよ
5. 関数とその逆関数は線対称

4　やさしいものへの帰着
1. 整関数へ帰着せよ
2. 三角関数は有理関数へ帰着せよ
3. 楕円は円に帰着せよ
4. 正射影を利用せよ
5. 変数の導入を工夫せよ
6. 相加・相乗平均の関係を利用せよ

5　置き換えや変形の工夫
1. 先を見越した式の変形をせよ
2. ブロックごとに置き換えよ
3. 円やだ円は極座標で置き換えよ
4. $\cos\theta + \sin\theta = t$ と置け
5. 情報を文字や記号に盛り込め

6　積分計算の簡略法
1. 奇関数・偶関数の性質の利用
2. 積分区間の分割を回避せよ
3. $\int_\alpha^\beta (x-\alpha)(x-\beta)dx = -\dfrac{1}{6}(\beta-\alpha)^3$ を利用せよ
4. $\int_\alpha^\beta (x-\alpha)^m(\beta-x)^n dx$ は公式に持ち込め
5. $\sqrt{a^2-x^2}$ の積分は扇形に帰着せよ
6. 積分を避け，台形や三角形に分割せよ